重庆市国土资源和房屋管理局 2011 年度市级地质灾害防治专项资金项目（120301）资助

地下工程水环境变化与控制

姚光华　廖云平　彭海游　杨　乐
李少荣　文光菊　马　磊　陈　思　著

U0248159

科学出版社

北　京

内 容 简 介

本书以重庆市岩溶地质条件为背景,采用理论研究、调查评价、数值分析、室内实验等多种手段研究地下工程水环境变化规律和控制技术。在全面调查重庆市隧道工程地下水环境影响基础上,采用理论分析和数值方法研究了重庆市典型隧道地下水输降范围和影响规律,并对重庆市中梁山华岩隧道地下水环境进行了预测研究;采用模糊评价方法建立了地下工程水环境影响评价体系,并将其应用于对重庆市绕城高速玉峰山隧道和渝湘高速武隆隧道的研究;通过理论研究和数值方法,提出了基于环境保护型隧道工程地下水的排放标准和确定方法,并整合提炼了隧道工程地下水控制技术。

本书可供从事地下工程勘察、设计、施工、管理、科研的人员和工程技术人员参考,也可供相应学科专业的研究生和高年级本科生参考。

图书在版编目(CIP)数据

地下工程水环境变化与控制/姚光华等著. —北京:科学出版社,2018.5
ISBN 978-7-03-055816-9

Ⅰ.①地… Ⅱ.①姚… Ⅲ.①地下工程-建筑防水-研究 Ⅳ.①TU94

中国版本图书馆 CIP 数据核字(2017)第 301006 号

责任编辑:韩卫军/责任校对:王 瑞
责任印制:罗 科/封面设计:墨创文化

科 学 出 版 社 出版
北京东黄城根北街 16 号
邮政编码:100717
http://www.sciencep.com

四川煤田地质制图印刷厂 印刷
科学出版社发行 各地新华书店经销
*
2018 年 5 月第 一 版 开本:787×1092 1/16
2018 年 5 月第一次印刷 印张:11 1/4
字数:267 000
定价:120.00 元
(如有印装质量问题,我社负责调换)

前　言

随着我国经济不断增长，地铁、公路和铁路隧道等地下工程日益增多。截至 2015 年年底，我国已建成通车公路隧道 14006 处，长 1268.39 万 m。其中，特长隧道 744 处，长 329.98 万 m；长隧道 3138 处，长 537.68 万 m。城市轨道交通飞速发展，全国累计 25 个城市建成投运城轨线路 105 条，运营线路长度 3195.4 km。其中，地铁 2722.7 km，占线路总长度的 85.2%，大部分采用隧道结构形式。随着我国西部大开发战略的实施及国家基础设施大建设的进行，越来越多的隧道工程将开工建设，给沿线生态地质环境带来严峻考验，其诱发的地表水和地下水漏失、地面塌陷、地面沉降等地质环境问题，致灾作用强烈，严重影响了当地居民的生命财产安全。例如，重庆市主城区已建特长隧道 50 余条，其建设诱发的地表水和地下水漏失等地质环境问题点多面广。显然，协调好地下工程建设与地质环境保护两者之间的关系，加强地下工程地质环境的保护，成为我国地质灾害防治和地质环境保护的新问题。研究地下工程水环境变化与控制是地下工程建设和运营时亟待解决的重要科学问题。

本书的研究团队数年来以重庆市岩溶地质条件为背景，采用理论研究、调查评价、数值分析、室内实验等多种手段研究地下工程水环境变化规律和控制技术。在全面调查重庆市隧道工程地下水环境影响基础上，采用理论分析和数值方法研究了重庆市典型隧道地下水输降范围和影响规律，并对重庆市中梁山华岩隧道地下水环境进行了预测研究；采用模糊评价方法建立了地下工程水环境影响评价体系，并将其应用于对重庆市绕城高速玉峰山隧道和渝湘高速武隆隧道的研究；通过理论研究和数值方法，提出基于环境保护型隧道工程地下水的排放标准和确定方法，并整合提炼了隧道工程地下水控制技术。全书包括 6 章，分工如下：第 1 章由姚光华、廖云平和马磊承担；第 2 章由廖云平、文光菊、杜严飞和陈思承担；第 3 章由彭海游、杨乐、李少荣和任务文承担；第 4 章由彭海游、杨乐承担；第 5 章由姚光华、杨乐和郭军承担；第 6 章由廖云平、郭军和吴梦军承担。全书由姚光华、彭海游、廖云平统稿，文光菊、彭海游、谢晓彤和董平校核了全书。

本书得到重庆市国土资源和房屋管理局 2011 年度市级地质灾害防治专项资金项目资助。由于作者水平有限，书中不足之处在所难免，敬请各位同行批评指正。

姚光华

2017 年 6 月 1 日

目　录

第1章 绪 论

1.1 研 究 背 景

近年来，我国交通事业取得了突飞猛进的发展。截至 2015 年年底，我国已建成通车公路隧道 14006 处，长 1268.39 万 m。其中，特长隧道 744 处，长 329.98 万 m；长隧道 3138 处，长 537.68 万 m。城市轨道交通飞速发展，全国累计 25 个城市建成投运城轨线路 105 条，运营线路长度为 3195.4km。其中，地铁长 2722.7km，占运营线路总长度的 85.2%，地铁大部分采用隧道结构形式。全国铁路营业里程达到 12.1 万 km。其中，高铁营业里程超过 1.9 万 km。随着我国西部大开发战略的实施及国家基础设施大建设的进行，越来越多的隧道工程将开工建设，给沿线生态地质环境带来严峻考验。

重庆市是一座山城，境内隧道多于其他城市，目前仅主城歌乐山地区已有 6 座隧道先后贯通。

随着交通线不断向山区特别是向生态保护区、岩溶地区延伸，隧道建设对生态环境的影响日益受到社会的关注。表观和明显的现象如下：隧道洞口、洞身开挖将不可避免地对地表植被造成干扰和破坏，并产生大量隧道弃渣等。影响巨大而又隐蔽的是山岭隧道开挖会在很大程度上改变隧址区地下水的补给、径流和排泄条件，形成新的地下水转移通道，并可能不断恶化场区的水文环境，导致隧道区域局部地下水水位下降、地表植被枯萎甚至死亡，使隧址区居民和野生动植物的生存环境恶化。在城市区域，隧道排水引起的地下水水位下降还将导致地面沉降、开裂、塌陷、海水入侵、加重污染等一系列生态环境问题及效应。隧道洞内地下水排放如图 1-1、图 1-2 所示。

图 1-1 隧道洞内地下水排放

穿越六盘山国家级自然保护区（实验区）的国道 312 线西兰公路宁夏六盘山隧道（单洞双车道、延长 2385m）在建设过程中穿越一个宽约 20m 的导水性断层，隧道内最大涌水量达 780m³/h，淹没隧道 300m，引发了掌子面塌方和泥石流等事故。由于水量较大，

图 1-2　隧道洞内地下水排放

最终采取了正洞注浆堵水，向导坑排水的处治措施，从施工和工程安全上讲，取得了成功。但是，由于隧道的长期泄水作用，地下水渗流场发生改变，隧道区附近山间原有的小溪流逐渐变细、消失。到了冬季，自然保护区内在山上高处可以饮水的麋鹿和獐鹿，不得已成群下山饮水，受到居民的威胁。至于泄水引起的地下水水位下降对当地林区植物生长产生的影响以及对当地小气候的影响，则没有得到应有的重视与研究。

成渝高速中梁山隧道最初采取"以排为主"的治水技术，隧道运营后出现严重灾害，涌水量由原来的 18000m³/d，变为 54000m³/d，大量泥沙涌进隧道，施工时已处理过的塌陷再次复活，同时隧址周围出现了许多新的塌陷，严重影响了当地居民的生产生活安全。

大瑶山隧道 F9 断层在堵水无效的情况下进行排放，致使一个村民组的生活用水及生产用水严重短缺，造成了极大的经济损失和不良的政治影响。

重庆市广泛分布可溶性灰岩，可溶性灰岩是产生岩溶不良地质问题的主要地层岩性。在潮湿、大气降水丰富、地下水能够充分补给、水的来源充沛的地区，岩溶易发育。此外，由于地下水动力条件改变，受区域内大断裂构造的影响，岩石裂隙极其发育和裂隙交汇处也是岩溶易发地区。复杂岩溶地区的隧道，特别是长大隧道，可能出现岩溶塌陷、涌水、突水等地质灾害，会造成极严重的后果。甚至会引发岩溶大泉枯竭、地下水水质恶化、地表水体污染、地表水土流失、地表塌陷等一系列次生灾害或生态环境问题。

长期以来，由于缺乏可持续发展的理念，保护环境的意识淡薄，在隧道等大规模工程的勘察设计、施工和运营使用阶段，未足够重视环境保护。隧道建设无限制排水对隧道建设区自然环境、社会环境的恶劣影响给了我们很多经验教训，值得工程界深刻反思和关注，必须在隧道工程建设全过程中，充分考虑、评价无限制排放地下水带来的环境影响和危害。

过去以排为主的隧道设计理念主要考虑：①建设观念因素，人们对地下水任意排放引起的环境问题没有引起正确认识和足够重视，当然也缺少相应的深入研究。②造价因素，隧道如果采用围岩注浆防水，注浆费用较高且数量难以有效监控；如果采用衬砌完全抵抗水压力，在高承压水地区，衬砌厚度将大大增加各种工程费用。③技术因素，由于隧道水文地质条件多变，对于经验不足的施工队伍，无法做到"石变我变"及采取相应应对措施，注浆堵水达不到预期效果。

就既有隧道而言，若防排水系统失效，隧道衬砌背后地下水水位的升高，衬砌承受压力不断增加，且地下水的长期浸泡，会降低隧道衬砌混凝土的力学强度。这两方面的因素均直接影响隧道工程的安全性，导致隧道衬砌裂损、腐蚀，地下水渗漏，以及混凝土中的钢筋锈蚀、基床翻浆冒泥和隧底吊空等隧道病害。

《中华人民共和国环境保护法》和《中华人民共和国水资源保护法》指出，开采矿藏或者兴建地下工程，因疏干排水导致地下水水位下降、枯竭或者地面塌陷，对其他单位或个人的生活和生产造成损失的，采矿单位或者建设单位应当采取补救措施，赔偿损失。目前铁路和公路的环评标准还未就隧道工程建设对环境影响的评价作出专门规定。在总结前人经验和教训的基础上，通过近年来的研究，本书认为在新建隧道工程及其他地下工程项目的建设使用整个过程中，要把隧道工程-环境水文地质-生态环境影响作为一个系统工程来考虑，把稳定原有隧道水文地质环境和保护生态环境作为环境影响评估的重点。

因此，"以排为主"的无限制排水原则已不能适应我国经济和社会发展的需要。为改变过去"以排为主、防排结合"隧道防排水建设理念，公路和铁路隧道设计规范均对隧道防排水做了如下规定："隧道防排水应遵循防、排、截、堵结合，因地制宜，综合治理原则，保证隧道结构物和营运设备的正常使用和行车安全。隧道防排水设计应对地表水、地下水妥善处理，洞内外应形成一个完整通畅的防排水系统。"

综上所述，我们得到这样的认识：①既立足于结构安全的角度，又站在保护环境的高度，富水地区的隧道与一般地区隧道的防排水措施的根本区别是前者更应注重"以堵为主、限量排放"的设计理念。②可以通过预注浆、后注浆、补注浆等施工措施，来实现控制排放的理念。尽管这些认识与手段在上述实际工程的应用中取得了一定的效果，但也暴露出一些不足和缺陷：一是怎样实现"以堵为主、控制排放"的理念；二是注浆是涌水处治的有效手段，但针对隧道实际环境条件，需要结合前人的研究成果，开展现场试验，选取合适的注浆方式及相关工艺等；三是对于富水带，应如何考虑注浆后的水荷载的作用；四是如何进行抗水压的支护结构设计，应从哪些关键指标进行施工控制。

因此，研究隧道水文地质及生态环境影响评价方法，明确隧道地下水排放对环境的影响程度，为达到环境保护和结构安全的目标研究新建隧道和既有隧道地下水处治技术，建立地下水限量排放设计方法，对明确完善隧道建设环境评价标准及隧道设计施工规范的不足，促进隧道建设切实落实环境保护、资源节约的建设理念，具有十分重要的作用。

1.2 研究现状

1.2.1 隧道水文地质及生态环境评价

回顾 1985 年以前的有关规范、规定，几乎都未把隧道工程建设与环境工程作为一个系统来考虑，没有关于隧道开挖对生态环境影响评价的专门规范和规定。在以前的隧道设计规范中，对隧道防排水提出"以排为主，排、截、堵相结合"的原则，在实施中，由于突出了以排为主，大多数隧道工程（特别是山区隧道），不论涌水、渗水的补给来源及水量大小如何，施工中多不作预处理，因而隧道成为泄水洞，其把周围大量的地下水吸夺过来，破坏了原有的水文地质环境。同时，由于设计、施工阶段对隧道涌漏水的处理方案和措施不合理或不完善，运营期间仍存在涌漏水灾害，恶化了隧道内的环境。由于水的长期作用，隧道结构物遭到损坏，这对隧道工程的长期稳定及行车安全构成极大威胁。隧道长期排放地下水，也造成了地表生态环境的恶化。为此，相关部门每年都要花费大量的人力、物力来治理隧道水害和保护地表生态环境。

20 世纪 90 年代以后，标准规范逐步重视隧道工程建设对环境的影响问题，增加了专门的条款，即"当工程施工排出地下水对周围环境有较大影响时，应对影响的情况、程度和范围进行评价，并提出了有关补救措施或相应的对策建议"。此外，对隧道排水原则也作了修改，提出"以防、截、排、堵相结合，因地制宜综合治理"的原则。1993 年，铁道部专门发布了《铁路工程建设项目环境影响评价技术标准》（TB 10502—1993）提出了有关工作的原则、方法、程序和要求。该技术标准是为了贯彻《中华人民共和国环境保护法》和《建设项目环境保护管理办法》，提高铁路环境影响工程质量和水平而制定的。该技术标准可用来指导环境影响的评价，但未就隧道工程建设对环境影响的评价作出专门的规定。

就生态环境而言，目前对隧道建设生态环境影响的评价工作基本沿用对公路生态环境影响评价的方法，主要侧重于以下方面：①对生物个体的影响。从目前的生态环境影响评价看，普遍对公路隧道建设破坏动植物个体数量进行了统计，把对生物个体的影响作为一个评价重点。②对生物多样性的影响。主要是根据岛屿生物地理学理论讨论生态隔离对生物多样性的影响。③对生态系统平衡的影响。多是定性研究，尚未形成系统的评价体系。现有的研究多从生态系统的营养结构入手，针对公路隧道建设开展生态环境影响评价。隧道建设对生态系统的影响开始于隧道对各种无机环境因子的改变从而破坏生态系统生物组成或者对生物的直接破坏，生物的破坏改变系统的营养结构，系统营养结构的改变导致系统功能的变化，从而破坏原有的生态平衡。

然而，造成隧道生态环境破坏的首要因素是地下水流失。目前，国内外关于地下水引起的生态效应模型大体可分为两类：①统计模型、模糊综合评判模型。这类模型的优点是简单易行；缺点是没有耦合机理模型，其预警功能不强，地下水状态考虑不够。②包气带水盐运移模型。这类模型的特点是主要考虑包气带，或是将地下水与包气带水分或盐分进行耦合研究，没有对地下水与包气带水盐运移模型同时考虑。这些模型尚未在公路隧道建设中得以应用。

总体而言，虽有学者在生态环境影响综合评价方面做过一些工作，但由于生态环境的时间和空间差异十分明显且缺少统一的定量标准，故对其的综合评价仍处于初始阶段。

1.2.2　隧道地下水限量排采

当前国内外针对富水围岩，一般采取帷幕注浆、管棚、超前导管、超前钻孔注浆、超前锚杆、注浆加固、护拱等措施。针对我国当前地质环境保护型隧道，其主要关键技术问题在于立足于结构安全和保护环境的双重角度，通过采用何种注浆方式、何种防排水措施和抗水压支护结构，以确保隧道的施工运营安全与保护环境。

隧道发生涌水时，以往的工程经验多采用"宁疏勿堵"的原则，排水处理主要通过暗沟、管道、涵洞、泄水洞、明渠、渗沟、拱桥或增加辅助导坑截流排除地下水。经验证明，地下水处理"以排为主"，隧道施工过程及隧道运营期长期排放地下水，致使大多数隧道存在不同程度的水害，且逐年发展，影响衬砌结构和行车安全。环境方面造成工程地区含水层被疏干，生态环境恶化，主要表现如下：地表水和泉、井枯竭；生活、工农业用水缺乏；地表沉降、土壤沙化、水土流失等。它们严重影响了人们的生活和生产建设。

（1）地下水通过隧道大量流失，围岩中的地下水通道（岩层节理裂隙或岩溶管道）的充填物被水冲走，贯通性越来越好，致使洞内流量不断增大。贵昆线棵纳隧道通车后涌水频率逐年提高，开始是数年一次，后来是每年一次，近年来是一年数次。渝怀线武隆隧道2002年最大涌水量为 $200 \times 10^4 m^3/d$，而2003年涌水量猛增到 $780 \times 10^4 m^3/d$，为我国历史上所罕见，而2004年6月一次普通的降雨就造成了 $740 \times 10^4 m^3/d$ 的涌水量。中梁山隧道最初采取"以排为主"的原则处理涌水，运营以后出现严重病害，涌水量由原来的 $18000 m^3/d$，变为 $54000 m^3/d$，大量泥沙涌进隧道，施工时处理过的塌陷复活，同时又出现了许多新的塌陷。

（2）随着隧道内涌水量的增加，各种病害如衬砌渗漏变形、路面翻浆冒泥、排水沟淤塞漫流等将逐年加重。大瑶山隧道建成后，1990年5月的一次涌水产生了 $200 m^3$ 泥沙，流沙埋没轨道使行车中断。在岩溶地区，岩溶管道涌水由于经常带有大量泥沙，故直接影响行车安全，危害特别严重。

（3）隧道地下水如果以排为主，施工中一般不再采取封堵措施，则地下水往往严重影响施工的正常进行。武隆隧道的历次特大涌水都对施工场地造成严重毁坏，大量机械设备被冲到洞外的乌江中，隧道内泥沙堆积厚达1m多，在相当大的程度上影响了施工的正常进行。此外，南岭隧道（衡广复线）、梅花山隧道（贵昆线）、平关隧道（盘西线）等，都曾因洞内大量涌水而施工受到严重影响。

（4）地下水长期通过隧道大量排走，使地下水水位降低，这是洞顶地表失水并发生沉降变形的主要原因。例如，京通线桃山隧道施工中的大量涌水使地表"四道沟"所有泉水干枯，截断了该沟下游发电用的水源和农业用水，造成严重后果。根据盘西线平关隧道和大瑶山隧道岩溶涌水观测统计，只要地表降雨7~8h，洞内涌水量立即增加，一遇暴雨，灾害立起。大瑶山隧道从施工到运营先后发生塌坑数百个，影响范围数平方千米。

"以排为主"将对洞顶地表生态环境产生长期的不良影响和破坏，这是我国当前法律所禁止的。随着人们环保意识和法制观念的增强，听任地下水大量流失的现象越来越少，因此，无限制排水原则不能适应我国经济发展和社会进步的要求。

这些年来隧道工程界进行了多方面的试验研究，对隧道涌水的治理原则和方法有了重新认识和新的想法，而且研究了新的技术，并根据不同的环境条件，逐渐形成了三种不同类型的防排水技术。

当前，隧道防排水技术主要有三种类型：一是从围岩、结构和附加防水层入手，体现以防为主的全封闭式防水；二是从疏水、泄水着手，体现以排为主的泄水型或引流自排型防水，又称半封闭式防水；三是采取有效措施，实现防排结合的控制型限量排放防排水。

全封闭式防水适用于对保护地下水环境、限制地层沉降要求高的工程，可以为隧道结构的耐久性提供极为重要的环境条件，也可以为隧道安全运营提供极为重要的环境条件。但其直接造价较高，并且在很多条件下靠现有技术是不可行的。

半封闭式防水适用于对保护地下水环境、限制地层沉降没有严格要求的工程，结合其他必要的辅助措施和设备，也可以为隧道结构的耐久性以及安全运营提供良好环境条件。这种方式直接造价相对不高，但运营维护成本相对较高。

控制型限量排放防排水，是近年来为降低全封闭式防水的成本，又要满足地下水环境保护，限制地层沉降和保护环境而出现的一种新型的隧道防水措施。在半封闭式防水的基础上，可以根据对水位和地层变形的监测数据，及时自动或半自动地调整排水量，达到既降低了一次性造价，又维持了地下水平衡的目的。

关于控制型限量排放防排水技术，其根本的特色在于：控制地下水的排放，以达到安全可靠、技术可行、经济合理的目标，而且将隧道运营的长期安全性放在首要位置。当前，对于地下工程中实现控制型排放的主要措施有两种：一种是在排水管上加闸阀，通过调节闸阀开关达到控制排放量的目的；另一种则是注浆。

因此，控制型限量排放防排水原则，是在相关堵水技术的支持下，适量排放地下水，将作用在衬砌上的水压力减小到可以承受的水平，同时做到保持地下水水位的动态稳定，尽量减少（避免）对地下水环境的影响，从而实现隧道周围地下水环境的可持续发展。

但是，一方面由于现行规范和技术标准均未明确规定如何贯彻"控制限量排放"原则，因此，其工程实施也出现了一些问题：采用何种方式来实施堵水？堵水后，如何认识地下水所产生的衬砌外水荷载？衬砌承受外水压力后，其力学特性有何特点，等等。另一方面，一些隧道开展并实现了"控制限量排放"的工程实践。这些问题和现象的存在，对推广实施"控制限量排放"造成了障碍，所以控制排放的隧道防排水技术亟待深入研究。

1.3　研究内容

1.3.1　地下工程水环境问题调查研究

通过对重庆市水文地质条件概况的分析，本书研究了重庆市典型岩溶类型，总结了适用于岩溶山区隧道工程水文地质调查与地下水环境影响评价的内容和方法，提出了地下工程水文地质调查范围；以歌乐山地区华岩隧道为依托，对隧道开挖对影响区的水文地质及影响的现状进行调查评估，建立了水环境影响概化模型，并对其发展趋势进行预测评价。

1.3.2　隧道工程地质环境负效应评价体系研究

在借鉴国内外地质环境影响评价相关研究成果的基础上，按照指标体系的构建原则、构建方法和构建作用，提出重庆市隧道工程地质环境负效应评价指标体系，并给出各指标的简要说明、量化方法和评价标准。采用编程软件，开发隧道工程地质环境负效应评价系统，主要包括指标体系建立、指标权重计算、评价过程实现以及相关验证程序。选择重庆市典型隧道工程实例，采用本书构建的隧道工程地质环境评价体系进行评价，并结合研究区的现场调查和长观孔监测资料，分析评价结果的可信性，验证指标体系组构的合理性。

1.3.3　隧道工程建设地下水环境负效应研究

以重庆市中梁山华岩隧道为例，通过对华岩隧道水文地质、工程地质分析，建立地下水概化模型，研究临近采矿区、临近已建隧道条件下地下水渗流场特征的二次影响，预测地下水影响程度和影响范围。以重庆市典型单斜构造和川东隔挡式构造条件下的过山隧道为研究对象，研究不同隧道埋深、不同堵排水条件以及不同地质条件下隧址区地下水环境变化规律。将隧道地下水影响模拟结果与调查结果进行综合对比，分析隧道建设对隧址地下水影响规律及特征，总结地下水影响范围与影响时间等经验值或参考值，提出隧道地下水勘察评价范围以及其他指标参数。

1.3.4　基于环境保护的隧道工程地下水排放量标准与确定方法研究

从控制型防排水技术方案入手，本书建立了轴对称条件下的限量排放的解析模型，并分析了其各参数的敏感性。该模型主要基于围岩注浆固结堵水圈、二次衬砌而组成复合防排水结构，可用作地下工程地下水排放量的确定方法，并用于注浆参数控制。本书还对地下工程地下水场进行了数值分析，提出了地下工程排放量确定的工程类比法、理论分析法、解析数值法、渗流计算法、监测反馈法等，并在重庆市歌乐山地区进行了分析应用。

1.3.5　隧道工程地下水控制排放技术

本书介绍了限量排放标准下的隧道防排水技术。包括技术分类及设置原则、注浆堵水技术和抗水压衬砌、地表控制技术，以及洞内疏导技术等。

第2章 地下工程水环境问题调查研究——重庆市隧道工程

2.1 重庆市岩溶水文地质条件

2.1.1 区域自然地理条件

重庆市位于我国西南部，属于中亚热带湿润季风气候，具有冬暖夏热、空气湿润、降水丰沛、无霜期长等特点，多年平均温度为 16~18℃。重庆市年平均降水量较丰富，大部分地区降水量在 1000~1350mm，降水多集中在 5~9 月，占全年总水量的 70%左右。重庆市的年降水量自东南向西北逐渐减少，山地一般多于盆地。岩溶地下水主要接受大气降水的补给，往往在发生强降雨过程后会发生岩溶地下水水量与水位的暴涨。

重庆市内水系以过境河流长江及其支流嘉陵江为主，主要支流包括渠江、涪江、御临河、龙溪河、乌江等。长江、嘉陵江分别在西南、西北两侧流入，至重庆市汇合后向东出境，沿途切穿川东褶皱带形成的诸多峡谷，如嘉陵江横穿的沥鼻峡、温塘峡、观音峡，长江切穿的铜锣峡、明月峡等。区内河流流量丰沛，除了大量接纳外区径流量外，还与区内丰沛的降雨及丰富的岩溶地下水排泄有关。

重庆市地势起伏大，层状地貌明显，东部、东南部和南部地势高，海拔多在 1500m以上，为中高山区；西部地势低，大多为海拔 300~400m 的丘陵。重庆市喀斯特地貌分布广泛。在东部、东南部地区及西部背斜山核部可溶岩出露处，喀斯特地貌大量集中分布，地下水和地表喀斯特形态发育较好。在背斜条形山地中发育了渝东地区特有的喀斯特槽谷奇观。在东部和东南部的喀斯特山区分布着典型的石林、峰林、洼地、浅丘、落水洞、溶洞、暗河、峡谷等喀斯特景观。

2.1.2 区域岩溶水文地质条件特征

1. 岩溶含水岩组及其分布特征

震旦系—第四系地层在重庆市均有分布，含水岩组包括松散岩类孔隙水含水岩组、碎屑岩类孔隙水裂隙水含水岩组、碳酸盐岩类裂隙溶洞水含水岩组，以及基岩裂隙水含水岩组。各类含水岩组包括的地层及平面空间分布特征见表 2-1。

表 2-1 重庆市地下水类型与含水岩组分布特征

地下水类型		含水层代号	主要分布地区
类	亚类		
松散岩类孔隙水	孔隙潜水	Q_h	开县、巫溪山间平坝
		Q_h、Q_p	酉阳等山间平坝及长江、嘉陵江、涪江沿岸阶地

续表

地下水类型		含水层代号	主要分布地区
类	亚类		
松散岩类孔隙水	孔隙承压水	Q_h	梁平、沙河镇、垫江普顺场、潼南姚家坝
碎屑岩类孔隙裂隙水	层间承压自流水	T_3xj、TJx	沥鼻峡、温塘峡、西山背斜两翼、明月峡西翼、方斗山、七曜山北段的缓翼巫山背斜，各背斜北西翼（缓翼），各背斜南东翼（陡翼）、七曜山背斜南段
	红层承压水	J_2x、J_2s、J_1z、J_1zl	各向斜盆地缓翼红层丘陵区，各向斜陡翼
碳酸盐岩类裂隙溶洞水	碳酸盐岩裂隙溶洞水	T_1f-j、T_2l、T_1d-j	大巴山、酉、秀、黔、彭、奉节及西部各背斜轴部
		$€_{2+3}$、Zb、O_1、P_2、P_3	大巴山、彭水、涪陵、华蓥山背斜等地段
	碳酸盐岩类夹碎岩裂隙溶洞水	T_2b、T_2l、P_2、P_3、C、O、D	大巴山、奉节以东、彭水、酉阳、秀山等地段
基岩裂隙水	构造裂隙水	$€_1$、Z_a、K_2、E、Q_b、N_h	酉阳官庄坝、楠木、秀山、大巴山城口等地
	风化带网状裂隙水	J_3p、J_3sn、$γ$	渝中部、西部各向斜轴部

在岩溶强烈发育地区，岩溶含水介质的发育在垂向空间上有明显的分带性。由上至下可分为垂直渗流带、水平径流带和岩溶裂隙水带，如图2-1所示。

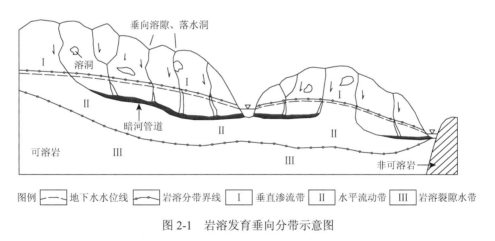

图 2-1　岩溶发育垂向分带示意图

2. 重庆市典型岩溶蓄水构造

重庆市岩溶分布区大致分为扬子准地台重庆市台拗内的以埋藏型为主的岩溶区，以及上扬子台拗、大巴山台缘拗陷和北大巴山冒地槽内的裸露型岩溶区。

重庆市的裸露型岩溶区地下水的补给、径流、排泄具有一般裸露岩溶地区的普遍性规律。处于川东渝西的埋藏型岩溶区在岩性组合及独特的隔挡式构造的共同作用下，形成了重庆市典型的可溶岩背斜岩溶蓄水构造。

重庆市隔挡式构造包含数十条 NE-SW 走向的狭长背斜，背斜核部通常交替出露于可溶岩和非可溶岩地层，可溶岩的渗透系数值为非可溶岩的 10 倍以上，且可溶岩常被非可溶岩所夹持及间隔。作为主要含水层的可溶岩地层，其地下水具有显著的顺层径流特征，在经深切冲沟及河流切割后进行排泄。重庆市隔挡式构造中，背斜核部出露于 $J_{1-2}z^{5+3}$、T_2l 及其上部可溶岩地层中，其两端和中间为非可溶岩所隔离的背斜构造，即为重庆市典型的可溶岩背斜岩溶蓄水构造（图 2-2）。图 2-3 为过沥鼻峡背斜—温塘峡背斜—观音峡背斜的背斜蓄水构造实例剖面。

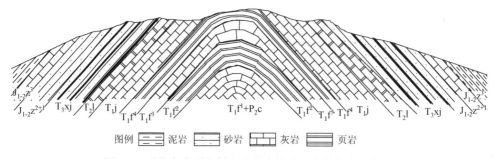

图例 ▦ 泥岩 ▦ 砂岩 ▦ 灰岩 ▦ 页岩

图 2-2 重庆市典型背斜岩溶蓄水构造及岩性组合示意图

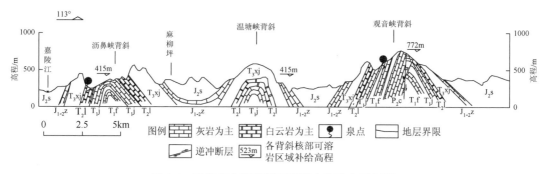

图例 ▦ 灰岩为主 ▦ 白云岩为主 ● 泉点 ▭ 地层界限
▱ 逆冲断层 ▽523m 各背斜核部可溶岩区域补给高程

图 2-3 重庆市典型背斜岩溶蓄水构造实例剖面

2.2 典型隧道工程地下水环境调查

2.2.1 调查概况

自成为直辖市以来，重庆市交通运输业得到快速发展，公路隧道、铁路隧道的数量日益增多。据不完全统计，截至 2012 年年底，仅重庆市主城"四山"地区就已建成隧道 54 条，并规划在建 6 条穿山隧道，隧道已成为重庆市交通运输的重要组成部分。隧道工程的修建在促进交通运输业发展的同时，也引起了地表水、地下水漏失等一系列水环境问题。本书对重庆市 32 个隧道工程进行了水环境专项调查，调查点 447 个（表 2-2），遍布重庆市主城区及周边区县。

表 2-2 典型隧道工程地质环境专项调查统计表

序号	隧道名称	长度/m	地质环境调查点数	所在位置
1	大学城隧道	3853	11	重庆市主城区
2	轻轨六号线中梁山隧道	4664	24	

续表

序号	隧道名称	长度/m	地质环境调查点数	所在位置
3	轻轨六号线铜锣山隧道	5630	12	
4	轻轨一号线缙云山隧道	3654	10	
5	轻轨一号线歌乐山隧道	4330	10	重庆市主城区
6	双碑隧道	4375	18	
7	石板隧道	4490	18	
8	南山隧道	4873	15	开县
9	铁峰山一号隧道	2328	7	万州
10	铁峰山二号隧道	6029	14	万州
11	分界梁隧道	5080	24	奉节
12	长凼子隧道	3851	11	奉节
13	摩天岭隧道	7900	18	奉节和巫山
14	走马岭隧道	2469	9	万州
15	方斗山隧道	7600	10	石柱
16	谭家寨隧道	4865	15	忠县
17	聚云山隧道	2250	16	涪陵
18	白云隧道	7120	14	武隆
19	羊角隧道	6676	10	武隆
20	大湾隧道	2820	7	武隆
21	黄草岭隧道	3219	6	武隆
22	武隆隧道	4884	14	武隆
23	彭水隧道	2782	9	彭水
24	长滩隧道	3276	8	彭水
25	正阳隧道	3640	9	黔江
26	葡萄山隧道	6300	6	酉阳
27	秀山隧道	3315	10	秀山
28	龙凤山隧道	2905	17	南川
29	南平隧道	9845	10	南川
30	云雾山隧道	3585	36	铜梁
31	璧山隧道	3025	20	璧山
32	环山坪隧道	2541	29	江津
	共计	—	447	—

调查以地质环境问题为导向，以隧道延伸范围及两侧0~5000m范围为重点调查区，对隧道的基本情况（进出口坐标、隧道口排水量、结构类型等）、地质环境条件（气象水文、地质构造、地层岩性、水文地质条件等）、地质环境问题（水资源漏水、地面塌陷、

地表裂缝、滑坡、泥石流、土地利用的破坏等）进行了调查，重点查明了调查区内的河流、水库、池塘、井泉的分布及其隧道修建前后水位水量、周边居民的饮用水、农田灌溉用水的变化情况，以及地质灾害点的初现时间、分布、规模、特征、发展趋势和影响范围等。隧道工程引发的水环境问题主要表现如下：①地表水和井、泉水量减少或枯竭；②生活、工农业用水缺失，土地利用方式改变；③地面塌陷、地面裂缝、地面沉降；④建筑物被破坏等。

2.2.2　地下水环境问题时空分布规律

1. 空间分布规律

受调查区水文地质条件、地层岩性及地下工程特征等多种因素影响，地下工程建设诱发的水环境问题在空间分布上具有如下特征。

（1）由于隧道工程为线性工程，隧道工程诱发的水环境问题一般沿隧道两侧呈条带状展布；受地层岩性影响，水环境沿岩溶槽谷区呈带状分布变化。

（2）地面塌陷、地面沉降、地裂缝等次生灾害问题主要集中于隧道上方及两侧 0～1000m 的岩溶槽谷区。地面塌陷主要集中于槽谷中的地势低洼地带、岩溶洼地。该地带有利于地表水、地下水汇集；地下水水位交替循环强烈。

（3）受地层岩性的制约，隧道穿越不同岩性区时，隧道对水环境影响程度和影响范围存在分异性。

灰岩区：水环境影响大。隧道工程水环境影响区一般分布在隧道上方及两侧 0～3000m 范围内。其中，水环境严重影响区一般分布在隧道上方及两侧 0～1000m 范围内；中等影响区分布在隧道两侧 1000～2000m 范围内；一般影响区分布在隧道两侧 2000～3000m 范围内。

砂岩区：水环境影响中等。隧道工程水环境影响区一般集中在隧道上方及两侧 0～1500m 范围内。其中，部分隧道在该岩性区存在严重影响区，主要分布在隧道上方及两侧 0～500m 范围内；中等影响区分布在隧道上方及两侧 0～1000m 范围内；一般影响区分布在隧道两侧 500～1500m 范围内。

页岩、泥岩区：水环境影响小。隧道工程在该岩性区对水环境无严重影响区；部分隧道在该岩性区存在中等影响区，主要分布在隧道上方及两侧 0～300m 的范围内；一般影响区分布在隧道上方及两侧 0～700m 范围内。

2. 时间分布规律

根据调查，隧道工程修建诱发的水环境问题具有明显的时序性。

（1）隧道施工过程中，发生水环境问题因其类型有别，在时间上表现为具有先后顺序。一般先发生地下水漏失，其次发生地表水漏失，最后发生地裂缝、地面沉降、地面塌陷、土地利用方式改变等次生灾害。其中，地下水、地表水漏失在施工过程中表现最为强烈。

（2）隧道工程建成后，地下水、地表水漏失程度逐渐减小，部分区域地下水、地表水水位慢慢恢复。

例如，重庆市大学城隧道修建期间及完工后的水环境变化具有一定代表性。大学城隧道于 2004 年 1 月开工建设，2006 年 6 月全线贯通；2005 年 5 月隧道周边井、泉水位开始大幅下降；2005 年 6 月隧道上方的水库、堰塘水位开始下降；2007 年 6 月隧道上方开始出现地面塌陷现象；2011 年 5 月，隧道周边部分井、泉水位开始恢复（图 2-4）。究其原因是在隧道施工过程中，隧洞开挖使地下水遭到破坏，大量地下水被排出，地下水通道发生改变，地下水水位迅速下降，同时在隧洞上部形成了降位漏斗，漏斗不断疏干其影响范围内的水源，造成泉水流量变小、井水水位下降、水库水量减小等水资源漏失。地下水水位的迅速下降，造成上部地层支撑力减小，同时在上部地层自身重力作用下，地表出现拉裂缝、下沉迹象，岩溶区可发生地面塌陷。隧道工程建成后，地下含水层已得到有效封堵，地下水排泄量大幅减小，随之地表水漏失量减小。受大气降水的影响，部分地下含水层和地表水不断得到补给，水位慢慢回升，部分井、泉水量得到恢复。

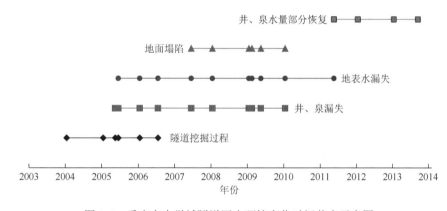

图 2-4　重庆市大学城隧道区水环境变化时间节点示意图

（3）通过对水环境的总体破坏周期统计发现，隧道引发的水环境问题并非在隧道修建初期就表现出来，而是在隧道开建数月或数年后才表现出来，短者 1~2 月，长者 1~2 年。例如，轻轨六号线中梁山隧道开建 1 个月后地表开始出现井泉漏失，而轻轨六号线铜锣山隧道开建 27 个月后地表才开始出现井泉漏失。

（4）地下水、地表水漏失现象的发生具有持续性、持久性等特点。发生水位明显下降的时间通常在隧道开始修建后的几个月，持续时间贯穿隧道修建、竣工，以至竣工后 1~2 年，甚至更长时间。其表现为井、泉水位下降，地表水量减少，土地利用功能恶化，居民生产生活用水困难等。

（5）地面塌陷现象的发生与水体的漏失现象相比，有一定延迟。地面塌陷的诱因之一是水的掏蚀、运移。因此，此类水环境问题发生的时间通常在隧道修建过程中，地表水体、地下水体漏失有一段时间之后。发生周期较为集中，持续时间较短。地面沉降、地裂缝等次生灾害大致与地面塌陷发生的时间顺序一致。

（6）通过调查发现，水环境具有一定的自愈能力，地表水、地下水水位会在隧道竣工之后开始慢慢恢复,不再持续漏失。据统计,水环境在隧道竣工后 1～2 年会发挥部分蓄水功能。

2.2.3　地下水环境问题影响要素分析

通过对地下工程周边水环境条件及地下工程自身特征与水环境的关系分析表明,地下工程水环境影响程度受水文地质条件、地层岩性、防水措施、施工方法、地质构造、隧道埋深等多种因素影响。

1. 水文地质条件

水文地质条件是影响地下工程水环境的控制因素,地下工程建设对水文地质条件的破坏是诱发一系列水环境问题的主要原因。隧道工程在穿越水文地质条件复杂、含水量丰富的地层区时,因施工时间长、大面积排水,造成地下水大量排出,导致地下水大量排泄、水位迅速下降,水文地质条件发生变化,最终造成地下水大面积疏干。表现为地表井、泉、水库等干涸,特别在岩溶槽谷区内,岩层多为嘉陵江组、巴东组或雷口坡组灰岩,它们均为可溶岩地层,地层内岩溶发育,含水量大,水文地质条件复杂。施工抽排水造成地下水水位迅速下降,对浅部竖向岩溶管道中的土体进行潜蚀,洞隙下部土体也不断随地下水下降而塌落,随即被地下水带走,岩溶洞隙下部形成空洞,洞隙上部土体在重力作用下,地表出现拉裂缝、下沉迹象,甚至发生地面塌陷。隧道工程建成后,隧道如同植入地下含水层中的一道隔水墙,阻碍了地下水的径流,造成隧道背水面地下水水位降低,随地表水发生疏降。

野外调查证实,在水文地质条件较复杂、含水量丰富的灰岩和砂岩区,尤其是岩溶槽谷中的地势低洼地带、岩溶洼地,有利于地表水、地下水汇集,地下水水位交替循环强烈,地下工程建设对水环境的破坏较严重;而在水文地质条件相对简单、含水量较少的泥岩和页岩区,地下工程建设对水环境的破坏较轻微。

2. 地层岩性

地层岩性是影响地下工程水环境的重要因素。地层裂隙的大小、发育程度、连通情况等均与岩性直接相关,同时地层水文地质条件也受岩性控制。一般灰岩地层岩溶裂隙发育,裂隙连通性好,含水量大,为富含水层;砂岩地层裂隙较发育,裂隙连通性较灰岩地层差,含水量较大,为一般含水层;而泥岩和页岩地层裂隙连通性差,含水量小,为相对隔水层。一般隧道穿越灰岩、白云岩等可溶岩类围岩,水环境破坏严重,砂岩次之,泥质岩及页岩地段水环境破坏小。

在所调查的区域,水环境影响严重区约有 85%分布在灰岩地层,其次为砂岩地层,而泥岩和页岩地层未见分布。灰岩区水环境问题最突出,影响范围最广,其次为砂岩区,页岩和泥岩区水环境影响范围最小。此外,地面塌陷、地裂缝和地面沉降等地质灾害大多分布在岩溶槽谷区,其他岩性区分布较少。一条隧道同时穿越不同岩性地层时,一般灰岩地层水环境破坏严重,其次为砂岩地层,最后为泥岩和页岩地层。例如,轻轨六号线铜锣山隧道同时穿越灰岩、砂岩和泥页岩地层，其中三叠系嘉陵江组（T_1j）和雷口坡组（T_2l）地层岩性以灰岩为主，水环境影响程度严重，地表出现井泉干枯、水库严重漏失、地面塌陷等水环境问题；三叠系须家河组（T_3xj）地层岩性以砂岩为主，水环境影响程度中等，地表出现泉点流量明显减小，水库水位明显下降；侏罗系珍珠冲组（J_1z）、自流井组（$J_{1-2}z$）、新田沟组（J_2x）、下沙溪庙组（J_2xs）地层岩性以泥岩和页岩为主，水环境影响程度一般，部分区域地表水发生轻微漏失（图 2-5）。

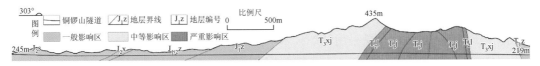

图 2-5   轻轨六号线铜锣山隧道水环境影响程度剖面

3. 防水措施

地下工程防水措施直接影响地下工程对地下水的破坏程度，进而影响着其他相关水环境问题的发生。目前的隧道工程，除少数特殊工程采用全面防水措施外，对于大多数工程，并未按山区隧道提倡的"防、排、堵、截，因地制宜，综合治理"的原则进行工程建设，实际工程仅仅以排为主，这不仅会带来严重的经济损失，还会导致环境恶化。"以排为主"的防水措施虽使地下工程承受的水压力变小，但水环境破坏较严重。隧道涌排水使地下水逐渐疏干，恶化了水文地质条件，使地下水水位不断下降，使地下水疏干漏斗不断扩大，导致洞顶地表河湖泉井枯竭，水环境失去平衡，进而引发生态环境破坏和岩溶地面塌陷等灾害。"以堵为主"的防水措施虽使地下工程承受水压力大，但对水环境破坏较轻。隧道通过压浆和防水衬砌措施，大量减少隧道开凿时的涌水和衬砌的长期渗水，虽然隧道承受的水压力增大，工程数量和费用增长，但是当隧道洞顶大气降水补给大于隧道渗漏时，水环境可进入恢复过程：地下水水位逐渐上升，疏干漏斗逐渐缩小，水环境逐渐达到新的平衡，环境灾害得以减轻甚至消除。

在调查的已建 28 条隧道中，有 15 条隧道施工过程中采用"防排结合、以排为主"的防排水措施，其中有 13 条隧道施工导致隧道洞顶地下水水位下降、地表水和井泉枯竭、地面塌陷等严重的水环境问题；而另外 13 条隧道在施工过程中采用了"以堵为主、防排结合，限量排放"的控制型防排水措施，其中除有两条隧道出现明显的地下水水位下降和局部岩溶塌陷外，其余隧道的施工对水环境影响程度相对较小。例如，中梁山隧道最初采取"以排为主"的原则处理涌水，但运营以后出现了严重病害，涌水量由原来的 18000m³/d 变为 54000m³/d，大量泥沙涌进隧道，施工时处理过的塌陷复活，同时还出现了许多新的塌陷。成渝高速缙云山隧道采用了"以堵为主"的防水措施，开挖前对可能涌水部位进行了预注浆处理，开挖时未出现突泥突水，对水环境破坏较小。

4. 施工方法

施工方法也是影响地下工程水环境的重要因素。目前常用的山岭隧道施工方法有钻爆法和盾构法，其中钻爆法又分为矿山法和新奥法（NATM）。矿山法是利用钻孔爆破技术开挖隧道，首先形成整个隧道外轮廓断面，然后进行衬砌支护形成隧道洞体，该施工方法对岩体有震动影响，尤其是在岩石爆破工序中，爆破震动一方面使围岩中原生节理延伸加长变宽，地表风化裂隙也因震动向下延伸，从而沟通了洞室围岩节理与地表浅层风化孔隙裂隙水层，增加了孔隙裂隙水甚至地表水涌入隧道的风险；另一方面爆破形成的地震波通过岩石介质向外传播，在传播过程中引起的介质震动传至地表后会引起地表振动，地震波在一定范围内影响地面建筑物的结构稳定性，甚至造成结构的破坏。新奥法是充分利用围岩的自承能力和开挖面的空间约束作用以锚杆和喷射混凝土为主要支护手段对围岩进行加固以约束围岩的松弛和变形，并通过对围岩和支护的量测监控指导地下工程的设计施工。但在实际施工过程中也是采用钻爆技术，相比矿山法，新奥法对岩体超挖较少，且其利用岩体自身受力情况，将岩体作为支撑结构，增加了岩体稳定性，减少了地面沉降和地面塌陷。盾构法是利用机械刀盘切碎岩体，并经其内部运转系统将切碎的岩体运离掌子面，盾构机后管片及时拼装，盾构机利用自身液压装置通过顶推其后拼装好的管片前进，使岩体凌空时间短，受到的震动也较少。盾构法产生地下水环境负效应的概率较小，有利于水环境保护。

本书调查的已建 28 条隧道工程中只有轻轨六号线铜锣山隧道采用的是钻爆法和盾构法相结合的施工方法，其余均为钻爆法施工。钻爆法施工在不同程度上对隧址区水环境造成破坏。例如，云雾山隧道采用钻爆法施工，2005 年 11 月 30 日隧道左线掘进至 ZK40+545m时，由于爆破震动，掌子面左侧拱肩出现一个直径为 3.5m 的溶洞，右侧拱肩出现一个直径为 3m 的溶洞，溶洞均倾斜向地表延伸，并发生小的坍塌和少量突泥，同时使地面建筑发生变形开裂。

5. 地质构造

地质构造是地下工程水环境的重要影响因素之一。断层是隧道隧洞开挖过程中最常见的不良地质现象，是造成隧道隧洞塌方、突泥突水、煤与瓦斯突出等灾害发生的最主要原因。断层破坏了岩体的均一性，岩土工程体的建设及其稳定性受到很大影响，而规模较大的断层往往破碎带较宽，构造裂隙发育，连通性好，成为连通地下水和地表水体的有利通道，含水量较大。背斜构造主要受水平挤压作用，因此沿着背斜核部常有纵向张断裂产生，对于规模较大的背斜，还会伴生次级横向张裂隙，这为地下水提供了有利的补给和径流条件。当背斜核部的纵向张裂隙有断层通过时，在地表水的侵蚀下，其易形成谷地或盆地，这有利于地下水的补给，且储水条件较好，水量较为丰富。在断层、构造节理裂隙和褶皱等构造现象较复杂的区域，隧道工程开挖对周边水环境破坏较严重，反之较小。

通过野外调查和相关资料的整理分析证实，断层、构造节理裂隙和褶皱等地质构造复杂区的地下工程水环境问题较大且较突出。例如，2014 年 7 月 4 日走马岭隧道开挖至 K47+194m 时，由于构造作用薄层泥灰岩挤压揉皱挠曲强烈，隧道围岩破碎，地下水活动加强，大量地下水涌出，2004 年 7 月 21 日达到同期最大值 14000m³/d，而后水量逐渐回落，2004 年 8 月 17 日该隧道开挖接近断层破碎影响带时，水量又开始增加，同年 9 月每天平均水量为 12395.6m³。

6. 隧道埋深

埋深是引起隧道塌方破坏和地面沉降的主要影响因素。根据学者研究,隧道埋深不同,隧道塌方的表现形式不同:埋深越小,隧道越易发生塌穿型塌方,而当埋深小于一定值时,因隧道开挖后重分布的围岩应力未超过围岩强度,隧道反而能保持稳定状态;埋深越大,地面最大沉降越小,近似呈线性关系。总的说来,随着隧道埋深的增大,隧道开挖过程对地面沉降的影响越来越小。

本书调查的已建 28 条典型隧道工程中最大埋深范围为 160~880m,其中龙凤山隧道最大埋深最小,为 160m,摩天岭隧道埋深最大,为 880m。野外调查分析表明,在一定程度上隧道埋深越小,地下工程水环境影响程度越大。例如,重庆市大学城隧道与轻轨六号线中梁山隧道相比,它们虽同为穿越观音峡背斜槽谷区的长隧道,周边地质条件基本相同,并同时施工且方法均为岩爆法,但因二者在槽谷区的埋深不同(重庆市大学城隧道平均埋深约 100m,轻轨六号线中梁山隧道平均埋深约 250m),野外调查显示,重庆市大学城隧道的修建引发了槽谷区多处地面塌陷,而轻轨六号线中梁山隧道未引发地面塌陷,其对水环境的破坏程度较重庆市大学城隧道轻;云雾山隧道在沥鼻峡背斜槽谷区的埋深较浅,约为 20m,隧道施工造成隧道顶部及两侧 0~500m 范围内出现多处地面塌陷、地裂缝和河流井泉枯竭,对水环境破坏严重。

第3章 隧道工程地质环境负效应评价体系研究

3.1 隧道工程地质环境负效应评价体系构建

3.1.1 隧道工程地质环境负效应评价指标体系

1. 地质环境负效应

环境负效应是指对人类或环境有害而无利或者弊大于利的环境效应。地质环境负效应是指人类开发建设活动对环境产生的不利影响。隧道工程地质环境负效应指因隧道工程建设对地质环境产生的不利影响，主要体现在以下几方面。

1）地下水水位下降、水量减少

由于超量开采或者隧道施工中过度排放地下水，工程所在区域地下水水位不断下降，并形成以工程为中心的地下水降落漏斗，严重时将导致水资源衰减甚至枯竭。地下水水位下降、水量减少是隧道工程建设诱发的最直接、最根本的地质环境负效应表现形式，是诸多地质环境负效应的根源所在。

2）地表水水位下降、水量减少

隧道工程开挖后，在集水和汇水作用下，地下水被不断排入隧道工程中，形成新的势汇，在上方形成降落漏斗，从而导致周围的泉眼、水井、堰塘、水库等地表水体水量减少甚至干涸，造成生产生活用水困难。例如，在渝合高速公路隧道影响区的 23 个泉眼中，有 17 个泉眼完全干枯，全年都无水涌出，有 4 个泉眼只在降雨时有短暂涌水，但水位和水量都很不稳定。2001 年 7 月，重庆市渝怀线歌乐山隧道发生突水现象，每百米就有一两处突水，突水导致地表井泉、暗河水位下降，甚至干枯断流，居民和家蓄饮水靠区里抽调的市政洒水车送水，山上 6 万多居民的生产与生活用水受到严重影响。地表水水位下降、水量减少是隧道工程建设导致的地质环境负效应最直观的表现，与周边居民的生产生活密切相关，且社会关注度高。

3）地面塌陷

大量研究表明，隧道工程地表塌陷绝大多数都是由隧道工程涌排水所致。排水致使地下水水位急剧下降产生真空负压，而水流潜蚀冲蚀及涌泥沙又造成土颗粒不断流失，使上部岩溶洞穴中充填土层失去上托力，上覆土层在自重应力、真空吸蚀等作用下，形成岩溶塌陷，其影响范围一直处于地下水降落漏斗之内。地面塌陷一般发生在岩溶地区，它是隧道建设间接造成的一种地质环境负效应表现形式，由于地面塌陷具有突发性和难以预见性，因此对周边居民的生命财产安全威胁极大。

4）地裂缝

地裂缝是地质环境负效应的一种表现形式。根据对国内地裂缝发育分布情况的调查，地裂缝一般主要分布于黄土地区，如陕西西安等地。在开采面积和采厚大的矿区地裂缝发育数量和规模均较大，同时，地裂缝往往与地面沉降相伴发生，常分布于地面沉降盆地的边缘。对于重庆地区的越岭隧道，由于地表无黄土分布或土层厚度较小，因此地裂缝一般是指隧道排水导致地面发生塌陷或沉降过程中伴生的地裂缝。根据对重庆地区多条隧道的地质环境调查，地裂缝发育较少，且深度、宽度及延伸长度均较小，往往地裂缝出现不久就被回填处理。

5）地面沉降

因隧道工程建设而导致的地面沉降已屡见不鲜，其在世界各地都广受关注，大量地面形变的监测资料都表明，地面沉降的中心位置和沉降范围与地下水漏斗的中心位置及漏斗分布范围有较好的对应关系。由此说明地下水水位下降是引发地面沉降的关键因素之一。地面沉降多发生在土层较厚的平原区，重庆地区多山，修建的隧道多为越岭隧道，地面沉降相对较少，且仅发生在局部土层较厚或跨度大的浅埋隧道区域。

6）斜（边）坡失稳

山岭隧道的道口往往形成边坡，其中以挖方岩质边坡为主，部分边坡高度可达 10m以上，若边坡处理不当，易产生边坡失稳。此外，山岭隧道口往往位于原始斜坡且靠近坡脚，隧道建设对坡脚的开挖极易造成剪出口和临空面。由于隧道建设打破了原始应力平衡，故会造成斜坡失稳。

7）滑坡、危岩崩塌

根据重庆市地区典型隧道工程地质环境调查，由隧道直接或间接诱发的滑坡、危岩崩塌实例较少，但重庆市属于地质灾害多发地区，潜在的不稳定斜坡或危岩分布较多，而目前隧道开挖最常用的还是矿山法，即爆破开挖。其开挖过程往往对周边岩土体造成较大的振动影响，尤其是浅埋隧道。此外，隧道排水也会破坏渗流场和应力场，由此直接或间接破坏了不稳定斜坡和危岩的应力分布，形成滑坡或崩塌。

综上，隧道工程排水导致含水层破坏是各种地质环境负效应的根源，因此，本书以地下水环境为主要评价因素和研究对象，进而研究隧道工程导致的地质环境负效应。

2. 评价指标体系

1）指标体系的概念与分类

指标是指标体系的基本组成单位，由反映总体现象的指标名称和指标数值两部分构成。通过某一指标，可表述被研究对象的某些特征，阐述一个简单的事实；若把多个有关指标结合在一起，就可以从不同方面认识和阐述一个比较复杂的现象。

指标体系是根据研究目的和研究对象特征，由多个相互联系、相互制约的指标共同组成的，能综合反映出研究对象特征的总称。从不同的研究角度出发，指标体系有不同的分类方法，归纳起来主要有三类，见表 3-1。

表 3-1　评价指标分类表

指标分类	指标描述
单指标体系	单指标体系具有针对性强和反映问题的特异性好等优点，通常是用来评价某个对象的某一特定属性，但不足之处是不能反映问题的相关性

续表

指标分类		指标描述
模块式指标体系	平行式	先把研究系统分解成若干子系统，再按照子系统分类对每个子系统进行测度。在这种框架下，评价指标体系的层次结构非常清晰，便于在综合评价时有条理性。但缺点是各子系统的划分较为主观，子系统权重和子系统间的信息重叠问题很难解决
	垂直式	垂直式指标体系更关注研究系统的协调性，其认为应把研究系统纵向分开
	混合式	在平行式与垂直式之间，还有一种混合式的指标体系，它既按领域进行分类，又补充和增加一部分纵向指标，具有兼顾平行式和垂直式指标体系的优点，但其整体性不易把握
压力-状态-响应模型体系		压力-状态-响应模型（pressure-state-response，PSR）是当今国际最为流行的指标体系模式，其理论基础是研究人与自然之间的相互关系。主要目的是回答：发生了什么？为什么发生？我们将如何做？3个问题。故将指标体系分为压力指标、状态指标和响应指标三类。其最大特点是多角度地综合研究某个系统的评价指标体系，局限性在于指标个数较多，给综合评价带来了一定的困难，不易实际操作

　　本书主要参考 PSR 和平行式指标体系模式，构建隧道工程地质环境负效应评价指标体系。

　　2）指标体系构建的方法

　　指标评价体系的初选方法有分析法、交叉法、综合法和指标属性分组法等，其中分析法最为常用。初选的评价指标求全而不求优。

　　综合法：是对既有指标群按一定标准和原则进行聚类，使之体系化的方法，尤其适用于完善既有评价指标体系。

　　交叉法：通过二维、三维或更多维的交叉，派生出一系列指标，从而形成指标体系。

　　分组法：由于指标本身具有不同属性和表现形式，故初选评价指标体系时，指标属性也可以是多面性的。因此，在初选评价指标体系时，可从指标属性角度出发，构思体系中的指标组成。

　　分析法：就是将综合评价指标体系的度量目标和度量对象划分成若干个不同组成部分或侧面，并逐步细分，直到每一个部分和侧面都可以用具体的统计指标来描述、实现。

　　3）构建指标体系

　　在综合国内外矿井和隧道工程地质环境负效应主要影响因素的识别结果，以及借鉴国内外地下水环境影响评价方面相关研究成果的基础上，按照本书所提出的指标体系构建原则和方法，本书提出并建立了重庆市隧道工程地质环境负效应评价的指标体系（表3-2），该指标体系由 3 个子系统（即工程地质条件、水文地质条件和隧道工程条件）和若干个具体指标构成，每个子系统（即准则层）首先对评价体系进行概要描述，子系统内的具体指标又对相应的子系统进行全方位的定量和定性解释。

表 3-2　评价指标构建表

目标层	准则层	指标层	指标性质
[A]隧道工程地质环境负效应	[B1]工程地质条件	[C11]地貌类型	定性指标
		[C12]地层岩性	定性指标
		[C13]构造发育情况	定性指标

续表

目标层	准则层	指标层	指标性质
[A]隧道工程地质环境负效应	[B1]工程地质条件	[C14]破碎带发育程度	定性指标
		[C15]隧道与构造的关系	定性指标
	[B2]水文地质条件	[C21]地表汇水面积/km^2	定量指标
		[C22]降雨入渗系数	定量指标
		[C23]岩层富水性/[$10^4 m^3$/（a·km^2）]	定量指标
		[C24]分带性	定性指标
	[B3]隧道工程条件	[C31]埋深/m	定量指标
		[C32]与隧道轴线的水平距离	定量指标
		[C33]开挖断面面积/m^2	定量指标
		[C34]施工工艺	定性指标
		[C35]防堵水技术	定性指标

4）指标选取说明

一级指标的选取：工程地质条件和水文地质条件都是地质环境条件的重要组成部分；工程地质环境和水文地质环境都是地质环境负效应的主要载体；隧道工程条件是造成地质环境负效应的根本外力因素。

二级指标的选取：指标本身对地质环境脆弱程度有决定作用，如岩性、破碎带发育程度、构造发育情况；指标对地质环境敏感程度有决定作用，如岩层富水性、分带性、地表汇水面积；指标在隧道工程与地质环境负效应之间有重要的串联作用，如降雨入渗系数（表3-3）、构造发育情况；隧道工程作为外力影响因素的工程指标，如施工工艺、防堵水措施、开挖断面积；地质环境调查中得出了影响地质环境负效应严重程度的指标，如隧道与构造关系、地貌类型、埋深和距离。

表 3-3　降雨入渗系数经验值

地层岩性	入渗系数	地层岩性	入渗系数
砂黏土	0.01～0.02	半坚硬岩石（裂隙较多）	0.10～0.15
黏砂土	0.02～0.05	裂隙岩石（裂隙中等）	0.15～0.18
粉砂	0.05～0.08	裂隙岩石（裂隙较大）	0.18～0.20
细砂	0.08～0.12	裂隙岩石（裂隙极深）	0.20～0.25
中砂	0.12～0.18	岩溶化极弱的可溶岩	0.01～0.10
粗砂	0.18～0.24	岩溶化较弱的可溶岩	0.10～0.15
砾石	0.24～0.30	岩溶化中等的可溶岩	0.15～0.20
卵石	0.30～0.35	岩溶化较强的可溶岩	0.20～0.30
坚硬岩石（裂隙极少）	0.01～0.10	岩溶化极强的可溶岩	0.30～0.50

5）指标分级及量化

本书所建立的隧道地质环境负效应评价指标体系共包含 3 个子系统和 14 个具体指标，各子系统和具体指标说明如下。

A. 工程地质条件

工程地质条件由地貌类型、地层岩性、构造发育情况、破碎带发育情况、隧道与构造的关系 5 个具体指标共同组成。这些指标从侧面反映了工程地质条件造成地质环境负效应的不同方面。

根据实际调查，隧道修建诱发的地质环境问题与地貌类型有一定的联系，如地面塌陷，水漏失等往往发生在岩溶洼地、岩溶槽谷或岩溶负地形处，而在斜坡和山麓等地貌发生地质环境问题的可能性相对较小。本书根据重庆地区区域水文地质调查报告，总结了重庆地区地形地貌的特点。结合隧道分布区的典型地貌类型，将其分为 5 种类型，见表 3-4。

表 3-4 指标量化分级表

负效应等级	弱（Ⅰ）	较弱（Ⅱ）	中等（Ⅲ）	较强（Ⅳ）	强（Ⅴ）
指标量化	0.1	0.3	0.5	0.7	0.9
地貌类型	侵蚀剥蚀平缓地形	峡谷、构造-侵蚀剥蚀山地	构造-溶蚀的山地	垄岗谷地	垄脊槽谷、岩溶洼地
地层岩性	黏土岩	砂岩	风化花岗岩、火成岩	风化变质岩	石灰岩等可溶岩
构造发育情况	无构造	有小构造	裂隙较发育的构造	裂隙发育的构造	断层发育的构造
破碎带发育程度	完整	较完整	较破碎	破碎	极破碎
隧道与构造的关系	无构造	隧道平行构造轴线	隧道穿越构造一翼	隧道与构造线夹角呈45°～90°，穿越构造两翼	隧道与构造线夹角呈0°～45°，穿越构造两翼
地表汇水面积/km²	<5	5～10	10～20	20～30	>30
降雨入渗系数	<0.05	0.05～0.15	0.15～0.25	0.30～0.50	>0.50
岩层富水性/ [L/(s·km²)]	<1	1～3	3～6	6～10	>10
地下水分带性	排泄区、包气带、相对隔水层	弱径流区、深部缓流带	弱补给区、季节变动带	强径流区、浅饱水带	强补给区、压力饱水带
隧道工程埋深/m	>800	600～800	400～600	200～400	<200
与隧道轴线的水平距离/m	>5000	3000～5000	1500～3000	500～1500	<500
开挖断面积/m²	<50	50～120	120～250	250～350	>350
施工工艺	TBM法	新奥法	钻爆法分部开挖	钻爆法台阶法	钻爆法全断面
防堵水技术	复合初砌+预注浆	复合初砌+结构外防水（或后注浆）	复合初砌防水	结构自防水	排水

隧道工程涌水量与地层岩性有密切关系，不同岩性地层的裂隙大小、发育程度及连通情况等均有差异，由此当隧道工程穿越不同岩性地层时，其涌水量也会出现较大差别。例如，当隧道工程穿越灰岩、白云岩等可溶岩类围岩时，由于岩溶裂隙、管道等发育，地下

水容易进入，故而涌水量通常较大；当穿越变质岩类围岩地段时，涌水量一般较可溶岩段小；当隧道工程穿越较完整的花岗岩等火成岩类时，单位涌水量往往较变质岩类少。在沉积岩类中，隧道工程穿越砂岩等碎屑岩时涌水量较可溶岩少；隧道工程穿越泥岩、页岩等黏土岩时涌水量最小，但受断裂带影响时，应另当别论，也可能会出现较大的涌水量。因此，根据重庆地区区域地质调查报告，将其分为 5 级，见表 3-4。

构造主要分为背斜和向斜构造。本书所指的"构造发育状况"主要指构造发育的形态和是否存在断层、裂隙等导水通道。构造的核部往往发育较多的节理和裂隙，两翼一般还存在劈理。这些裂隙、节理和劈理的延展方向一般平行于构造的轴向。构造中有时还发育伴生断层，其一般与构造走向大致平行。构造中的这些裂隙或断层一旦与地表连通，将成为降雨和地表水向下运移的主要通道，长期作用下，易导致裂隙张开度的增加、岩石总体强度和结构面摩擦系数的下降。此外，裂隙发育密集区往往形成地下水富集区，隧道工程一旦穿越该区，隧道将成为区域地下水的主要排泄点，不但威胁工程安全，还会造成严重的地质环境负效应。本书将隧道工程区构造发育状况分为 5 级，见表 3-4。

破碎带主要是指受构造活动影响的岩体结构松散、力学性能恶化和稳定性差的不良地质地带。破碎带的发育程度直接影响地下水的运移方向和速度，通常情况下，隧道工程穿越的地层破碎带越发育，越容易发生突涌水，围岩的稳定性越差，越容易导致环境负效应的发生。按破碎带发育程度的大小，将其划分为 5 个等级，见表 3-4。

根据实际调查，地质环境负效应的强弱与隧道穿越构造的形式有密切关系。例如，重庆市主城区的中梁山及铜锣山修建的隧道均为垂直构造轴向穿越，且均穿越构造核部和两翼，由于隧道穿越的地层多，且通过构造核部，导水裂隙发育，造成的地质环境问题数量多、面积广，且较严重。根据重庆市周边区县隧道调查，如武隆县羊角隧道、黄草岭隧道等均从构造一翼通过，未垂直穿越构造核部，地表地质环境负效应均较弱。根据重庆市地区地质构造特点及典型隧道调查，将其划分为 5 个等级，见表 3-4。

B. 水文地质子系统

水文地质子系统共包含 4 个具体指标，分别是地表汇水面积、降雨入渗系数、岩层富水性、水分带性。这些指标从不同侧面反映了不同指标对地质环境负效应的影响。

隧道工程区地表汇水面积越大，可能汇集的大气降雨就越多，疏排水造成的影响范围越广，同时，在其他条件不变的情况下，汇水面积越大，补给量越大，地下水和地表水就越丰富，从"源"这个角度上讲，该指标量值越大，地质环境负效应就可能更突出。结合重庆地区已调查典型隧道地表汇水面积大小，将该指标分为 5 个等级，划分结果见表 3-4。

大气降水到达地面以后，一部分蒸发返回至大气中或被植物截留，一部分形成地表径流，剩余部分渗入地下。渗入地下的这部分水量并非全部补给地下水，而是在入渗过程中部分被土壤的蒸发和植物的蒸腾作用所消耗，部分附着于土壤颗粒的表面，余下的一部分才成为地下水的补给来源。降雨入渗系数可以采用人工模拟降雨的试验方法、水量平衡分析法、地中渗透仪测定法和地下水动态资料法等方法计算。也可根据区域条件按表 3-4 取经验值。

降雨入渗系数从宏观上表达了降水转化为地下水的强弱，是隧道工程地质环境负效应评价指标体系的关键因素之一。根据不同岩性地层降雨入渗系数经验值的分布情况,将大气降雨入渗系数分为 5 个等级,具体结果见表 3-4。

含水层的富水性不仅是决定隧道涌(突)水量是否会发生涌突水的基本条件,也是区域地质环境敏感性的重要特征因素。隧道工程在穿越岩层富水性强的围岩时,由于水源充沛、导水条件(发育断层,张裂隙等水力传导通道)良好,施工中易发生"突水"事故,从而影响安全并引起一系列环境负效应的发生。参考王增银对岩层富水性的三级划分标准,本书适当将其拓展为 5 级,见表 3-4。

分带性在垂向上可分表层岩溶带、包气带、季节交替带、浅饱水带、压力饱水带和深部缓流带 6 个特征带;水平方向可分为补给区、径流区和排泄区。地下水的动态变化,实际上是地下水在补给、径流和排泄 3 个环节上动态平衡后的综合表现。如果隧道工程施工影响了地下水的补给、径流、排泄条件,结果可能导致区域地下水补给量与排泄量平衡关系失调,致使区域地下水水位持续下降,甚至部分地区出现含水层被疏干的情况。如果隧道工程地处地下水的补给区,则其产生的环境负效应程度要大于其他地区。表层岩溶带指可溶岩地表的强岩溶化溶隙及溶孔;包气带(垂直下渗带)位于表层岩溶带以下、丰水期区域地下水水位以上;季节交替带(过渡带)位于包气带与饱水带之间,是季节变化引起的地下水位升降波动地带;浅饱水带(水平管道循环带)指枯水期地下水水位以下,地下河排泄口影响带以上的饱和含水带;压力饱水带在浅饱水带以下,即暗河口排水面以下和当地主要河流排水基准面影响带以上的含水带;深部缓流带在饱水带之下,不受当地排水基准面影响并向远方缓慢运动的岩溶水带,一般情况下,深部缓流带的岩溶发育较弱,但在大的构造断裂带处亦可形成溶洞或溶蚀断裂带。按隧道所处地下水分带中的位置,将该指标分为 5 级,见表 3-4。

C. 隧道工程子系统

隧道工程子系统主要包括和工程相关的因素,如埋深、与隧道轴线的水平距离、开挖断面面积、施工工艺、防水及堵水技术 5 个指标,详述如下。

埋深是隧道工程顶部至自然地面的垂直距离。众多学者研究认为,隧道工程埋藏越深,其揭露或影响的含水层往往越多,地下水进入隧道工程的概率会越大,相应的总涌水量也会随之增加,由此而产生的环境负效应也愈显突出。但根据重庆地区已有隧道工程地质环境问题的调查资料显示,隧道工程埋深越大,对浅层地质环境影响越小,而在实际工程中,浅层地质环境与人类活动最密切,因此,根据已调查的隧道工程资料统计结果,将隧道工程埋深划分为 5 个等级,见表 3-4。

理论上地质环境负效应的强弱总体随与隧道工程距离的增大而减弱。根据实际调查,大部分隧道工程都符合该规律,但也存在一些特例,原因是地质环境负效应强弱还与岩层产状、岩性,以及是否存在水力联系等有关,根据典型隧道工程地质环境调查,有些隧道在存在岩溶管道的情况下,影响距离可达 5km 以上,且影响程度不比隧道轴线附近小,同时,地质环境负效应强弱并非以隧道轴线呈对称关系。尽管如此,该指标对大量隧道的调查评价起着重要作用,根据典型隧道的调查结果将该指标分为 5 个等级,见表 3-4。

开挖断面面积指隧道工程开挖界限所包围的面积。隧道工程开挖之前,围岩处于平衡状态,开挖后原来的应力平衡遭到破坏,故岩体内部的应力会重新分布。开挖断面面积越大，围岩的扰动和破坏越大，围岩体的临空面积也就越大。当遇到破碎岩体时，易出现冒顶和坍塌等地质灾害。在岩层富水区，地下水的渗漏面积也会随开挖面积的增大而增加，这降低了岩土体的强度和稳定性，尤其在地下水的渗流作用影响下，还会诱发各种不良工程地质灾害。学者将隧道工程开挖断面分成 5 个等级，用以表征隧道工程建设对围岩的不同扰动程度和对地质环境负效应的贡献大小，见表 3-4。

施工工艺特指隧道工程施工采用的方法，对于暗挖山岭隧道主要有传统矿山法、全断面掘进法（TBM 法），其中矿山法又分为钻爆法和新奥法。钻爆法以木或钢结构件作为临时支撑，待开挖成型后，逐步将临时支撑拆换下来，更换为整体式厚衬砌作为永久性支护。根据开挖方法的不同，钻爆法又可细分为全断面法、台阶法、分步开挖等。本书将隧道工程施工工艺分成 5 个等级，用以表征隧道工程施工时对围岩的不同扰动程度和对地质环境负效应的贡献大小，见表 3-4。

防水及堵水技术指隧道工程采取的防堵水技术和理念。目前隧道工程防排水原则主要有两种：一种是"防、排、堵、截结合，因地制宜，综合排放"，另一种是"以堵为主，限量排放"。预注浆是结合超前地质预报，对可能发生涌（突）水的部位进行预注浆，达到围岩加固和堵水的目的；后注浆是在发生了隧道涌（突）水后对涌（突）水后进行注浆加固和堵水。预注浆和后注浆都是采用注浆工艺进行堵水，二者之间的主要差异体现在对注浆时间的选择：一种是防患于未然，但不确定性和成本可能更高；另一种是事后补救，其对环境造成的影响更大。隧道工程防水技术主要有三种类型：一是从围岩、结构和附加防水层入手，体现了以防为主的水密型防水（又称全包式防水）；二是从疏水、泄水着手，体现了以排为主的泄水型或引流自排型防水（又称半包式防水）；三是防排水结合的控制型防水。隧道工程技术具体又可以分为结构自防水、复合衬砌防水、排水法防水、结构外防水和注浆防水。其中结构自防水即混凝土结构本体防水，它是从材料和施工等方面采取人为措施抑制或减少混凝土内部孔隙生成，提高混凝土密实性，从而达到防水的目的。复合式衬砌防水的实质是在初期支护与二次衬砌之间铺设一层塑料板（防水板）防水层，使地下水不接触二次衬砌就被有组织地排走。防水法排水主要采取预先排水、开挖排水沟、衬砌内的沟槽排水和围岩伞形排水等方式，将地下水排走，通常与其他排水方法结合使用。结构外防水是为保证隧道工程防水的可靠性，在结构外表面增加一防水层。注浆防水使浆液凝固后充填岩层裂隙，以达到封堵地下水过水通道、胶结破碎围岩的目的。本书根据不同防堵水技术（理念）在阻止隧道工程涌水性能上的差异，将其分为 5 个等级，见表 3-4。

3.1.2　隧道工程地质环境负效应评价方法

1. 综合评价方法

综合评价是在多因素相互作用下的一种综合判断，通常是将多指标的信息加以汇集来整体反映被评价事物。一般来说，构成综合评价问题的要素有以下几个方面：评价目的、被评价对象、评价者、评价指标、权重系数、综合评价模型、评价结果。常见的综合评价方法有以下几种。

因子分析法：因子分析法是由英国心理学家 Spearman 提出。他利用降维思想把相关性很高的多个指标转化为数量较少且互相独立的几个综合指标，该方法不仅实现了用较少的变量反映绝大多数信息，同时还大大简化了原指标体系的指标结构。

层次分析法：层次分析法是美国著名运筹学家 Satty 等提出的一种定性与定量分析相结合的决策方法。它将决策问题的有关元素分解成目标、准则和方案等，并在此基础上进行定性和定量分析。其基本原理是在建立与决策相关的评价指标体系的基础上，通过专家咨询对各层内（间）的元素进行两两比较，并构造出判断矩阵，然后将判断矩阵最大特征根相应的特征向量作为相应的系数，最终确定各指标的权重。

灰色关联度分析法：灰色系统理论是我国学者邓聚龙教授于 1982 年首先提出的。灰色关联分析是根据因素之间发展态势的相似或相异程度来衡量因素间的关联程度，从而揭示事物动态关联度。其基本思想是根据序列曲线几何形状的相似程度来判断其联系是否紧密，曲线越接近，相应序列之间的关联度就越大，反之就越小。

人工神经网络评价法：人工神经网络是模仿生物神经网络功能的一种数学模型。该方法通过神经网络的自学习、自适应能力和强容错性，建立更加接近人类思维模式的定性与定量相结合的综合评价模型。目前有代表性的网络模型已达数十种，使用最广泛的是由 Rumelhart 等于 1985 年提出的反向传播（BP）神经网络，其拓扑结构由输入层、隐含层和输出层组成。已有定理证明，三层 BP 网络具有可用性，故只要给定的样本集是科学的，那么结果就是令人信服的。

模糊综合评价法：模糊综合评价法是借助模糊数学的隶属度理论，将一些边界不清、不易定量的因素定量化，从多个因素对被评价事物隶属等级状况进行综合性评价的一种方法。该评价法主要分为主观指标模糊评判和客观指标模糊评判，适用于对不确定性问题的研究，如风险控制等。

数据包络分析法：数据包络分析法是著名运筹学家 Charnes 和 Copper 等以"相对效率"概念为基础，根据多指标投入和多指标产出对相同类型的单位（部门）进行相对有效性或效益评价的一种新的系统分析方法。它是处理多目标决策问题的好方法。

基于 GIS 等图层叠加技术的多因子综合评价法：GIS 技术作为多指标影响下的目标分析工具，具有海量信息储存、图像显示快捷和强大的空间分析功能，能够高效地提取和处理与指标相关的各个评价指标图层，并通过多指标综合评价模型对图层进行叠置分析，从而得出研究目标的综合评价指数。

2. 评价方法选取

根据研究内容及多指标评价体系特点，本书采取层次分析法进行多因子综合评价。

权重计算由于原始数据来源的不同，权重确定方法可分为主观赋值法和客观赋值法两大类。主观赋值法是根据决策者对各项评价指标重要程度进行主观判断的一种方法，如综合指数法、Delphi 法、层次分析法等，其优点是专家可以根据实际问题，较为合理地确定各指标之间的排序，缺点是主观随意性大，不同专家得出的权重可能出现差异较大的情况。客观赋值法主要有熵权信息法、最小二乘法、变异系数法、灰色关联度法等。由于客观赋值法的原始数据来源于评价矩阵的实际数据，故该方法确定的权重系数具有客观性，但因其没有考虑决策者的主观意愿，故有时会出现计算结果与意愿相冲突的情况。

所建隧道工程地质环境负效应评价指标体系尚属于地质环境负效应评价方面的初步研究，其指标选取和量化等仍有待进一步深入和完善，而客观赋值法需要大量统计数据来反求指标权重，在目前该阶段尚难达到，因此，选择主观赋值法进行权重赋值，根据各权重赋值方法的比较，选用层次分析法进行指标权重确定。

地质环境负效应评价采用基于层次分析法的多因子综合评价模型可用式（3-1）来表示。

$$S_t = \sum_{i=1}^{n} W_i \cdot F_i \tag{3-1}$$

式中，S_t 为地质环境负效应综合评价指数；W_i 为评价指标权重；F_i 为指标图层；n 为评价指标个数。

3. 指标权重确定

权重可以某种数量形式权衡各个指标在"指标集"中的相对重要程度。在地下水环境负效应评价指标体系中，由于每个指标所反映的内容都不相同，因此其在整个指标体系中所占的位置和发挥的作用也不尽一致，在进行岩溶地区隧道工程地下水环境负效应评价时，必须首先确定每个指标的重要程度，即权重。

1）基本原理

层次分析法（AHP）是一种非数学模型决策方法。该方法一方面充分考虑了人的主观判断，对研究对象进行了定性与定量分析；另一方面把研究对象看成一个系统，将系统的内部与外部相互联系，同时将各种复杂因素，用递阶层次结构形式表达出来，以此逐层进行评价分析。9 标度层次分析法是目前多因子数据分类中采用较多的一种方法，其基本原理及算法简述如下。

A. 建立层次结构模型

深入分析面临的问题，当问题中所包含的因素为不同层次（如目标层、准则层、单项评价指标层等）时，用框图形式说明层次的递阶结构与因素的从属关系。当某个层次包括的因素较多时，可将该层次进一步划分为若干子层次。

B. 构造判断矩阵

AHP 法要求评价人员根据专家对每一层次的评价指标的相对重要性给出判断，并构造判断矩阵。判断矩阵的形式如下：

$$\boldsymbol{B} = \begin{bmatrix} b_{11} & b_{12} & \cdots & b_{1n} \\ b_{21} & b_{22} & \cdots & b_{2n} \\ \vdots & \vdots & & \vdots \\ b_{n1} & b_{n2} & \cdots & b_{nn} \end{bmatrix} \tag{3-2}$$

式中，b_{ij} 为对于 a_k 而言 B_i 对 B_j 的相对重要性。这些重要性可用数值表示，将同一层次的指标两两比较其相对重要性，可得出相对权值的比值 a_{ij}，具体判断可采用 1～9 标度法，见表 3-5。

表 3-5　指标相对重要程度比值表

r_k	说明
1	指标 i 与指标 j 具有同样的重要性
3	指标 i 比指标 j 稍微重要
5	指标 i 比指标 j 明显重要
7	指标 i 比指标 j 强烈重要
9	指标 i 比指标 j 极端重要
2、4、6、8	对应以上两两相邻判断的中间情况
倒数	j 因素与 i 因素比较判断为 b_{ij}/b_{ij}

显然对于判断矩阵有：$b_{ii}=1$，$b_{ij}=1/b_{ji}$ $(i,j=1,2,\cdots,n)$。这样，对于 n 阶判断矩阵，只需对 $n(n-1)/2$ 个比较元素赋值。

判断矩阵中的数值是将数据资料、专家意见和决策者的认识加以综合平衡后得出的，衡量判断矩阵适当与否的标准是判断矩阵是否满足一致性。

当判断矩阵 B 具有完全一致性时，说明该矩阵具有唯一的最大特征值 $(\lambda_{\max}=n)$ 并满足以下完全一致特性：

$$\begin{cases} b_{ii}=1, & i=1,2,\cdots,n \\ b_{ij}=1/b_{ji}, & j=1,2,\cdots,n \\ b_{ij}=b_{ik}/b_{jk}, & \text{对任意}k \end{cases} \tag{3-3}$$

在数学上有很多求矩阵 B 特征值与特征向量的方法，本书采用的是求判断矩阵的最大特征根与特征向量的简便易行的"根法"，其计算步骤如下。

将判断矩阵的每一行元素相乘：

$$M_i=\prod_{j=1}^{n}b_{ij} \qquad (i=1,2,\cdots,n) \tag{3-4}$$

计算 M_i 的 n 次方根：

$$\overline{W}_i=\sqrt[n]{M_i} \qquad (i=1,2,\cdots,n) \tag{3-5}$$

将 $\overline{W}_i$ 归一化：

$$W_i=\overline{W}_i/\sum_{j=1}^{n}\overline{W}_j \qquad (j=1,2,\cdots,n) \tag{3-6}$$

式中，$\overline{W}_j$ 为所求特征向量（权重向量）的第 j 个分量。

求判断矩阵的最大特征根：

$$\lambda_{\max}=\frac{1}{n}\sum_{i=1}^{n}\frac{\sum_{j=1}^{n}b_{ij}W_j}{W_i} \tag{3-7}$$

C. 一致性检验

对于 n 阶判断矩阵，其最大特征根为单根，且 $\lambda_{\max}\geqslant n$，$\lambda_{\max}$ 所对应的特征向量均由非负数组成。特别是当判断矩阵具有完全一致性时，$\lambda_{max}=n$，除 λ_{max} 外其余特征根均为 0。但由于判断矩阵是由决策分析人员按各指标的相对权值两两比较给定的，这样一致性特性中的前两个特性自动满足满意一致性，后一个特性就不一定满足满意一致性，而且大部分情况是不满足满意一致性。为此，给定判断矩阵 B 后，需进行第三特性检验，即一致性检验。

当矩阵 B 没有达到完全一致性时，它的最大特征根 $\lambda_{max}>n$，因此可用 $\lambda_{max}-n$ 的差值作为判断一致性程度的标准。根据矩阵特征根的理论，该差值是除了最大特征根 λ_{max} 以外其余 $n-1$ 个特征根之和。于是就可以将 λ_{max} 以外的 $n-1$ 个特征根的平均值作为一致性检验标度 CI 的值，即

$$CI = (\lambda_{max} - n)/(n-1) \qquad (3-8)$$

CI 值越大，表面判断矩阵偏离完全一致性越远，反之则越接近。显然，当判断矩阵具有完全一致性时，CI=0。

由于客观事物的复杂性和人们认识的差异性，要求每一个判断矩阵都满足完全一致性是不现实的，特别是对于因素多、规模大的矩阵更是如此。因此，实际中只需判断矩阵满足满意一致性即可，而在判断矩阵满足满意一致性时需要结合判断矩阵的平均随机一致性指标 RI。对于 1~14 阶判断矩阵 RI 的取值见表 3-6。

表 3-6　随机一致性系数 RI 值

矩阵阶数	1	2	3	4	5	6	7	8	9	10	11	12	13	14
RI	0	0	0.58	0.90	1.12	1.24	1.32	1.41	1.45	1.49	1.52	1.54	1.56	1.58

表 3-6 说明，对于 1、2 阶判断矩阵，RI 只是形式上的，原因是根据判断矩阵的定义，1、2 阶判断矩阵总是完全一致的。当阶数大于 2 时，将判断矩阵的一致性指标 CI 与同阶的平均随机一致性指标 RI 的比值称为判断矩阵的随机一致性比例，记为 CR。当 CR=CI/RI<0.1 时，认为判断矩阵有满意一致性，否则需要调整判断矩阵，再行分析。

2）专家咨询

各因素的权重分配采用了层次分析法来确定，即聘请一批岩土工程、环境工程、水文地质、工程地质、隧道工程等方面的专家来打分，然后统计专家的意见，并进行反馈和调整，作为确定权重的依据。本次共邀请 20 名专家进行指标重要性打分，最终确定的指标相对重要性见表 3-7。

表 3-7　评价指标重要性一览表

指标	地貌类型	地层岩性	构造发育情况	破碎带发育程度	隧道与构造的关系	地表汇水面积	降雨入渗系数
重要性	3.50	9.00	6.43	7.83	5.57	4.00	7.06
指标	岩层富水性	地下水分带性	隧道工程埋深	与隧道轴线的水平距离	开挖断面积	施工工艺	防堵水技术
重要性	8.60	8.00	4.71	8.00	2.00	4.00	7.64

3）指标权重计算

根据专家打分最终确定的指标重要性评分，构建评价指标相对重要性的对比矩阵，见表 3-8，并根据"根法"整理得出指标权重，见表 3-9。对矩阵进行一致性检验，计算所得的一致性系数 RI 为 1.58。通过查表 3-6 可知，随机一致性系数 CR 值为 0，满足要求，指标权重计算结果合理。

$$CI = (\lambda_{\max} - n)/(n-1) = 0 \tag{3-9}$$

表 3-8　评价指标相对重要性一览表

指标	地貌类型	地层岩性	构造发育情况	破碎带发育程度	隧道与构造的关系	地表汇水面积	降雨入渗系数	岩层富水性	地下水分带性	隧道工程埋深	与隧道轴线的水平距离	开挖断面积（单洞）	施工工艺	防堵水技术
地貌类型	1.00	0.39	0.54	0.45	0.63	0.88	0.50	0.41	0.44	0.74	0.44	1.75	1.00	0.54
地层岩性	2.57	1.00	1.40	1.15	1.62	2.25	1.28	1.05	1.13	1.91	1.13	4.50	2.57	1.38
构造发育情况	1.84	0.71	1.00	0.82	1.15	1.61	0.91	0.75	0.80	1.36	0.80	3.21	1.84	0.99
破碎带发育程度	2.24	0.87	1.22	1.00	1.41	1.96	1.11	0.91	0.98	1.66	0.98	3.92	2.24	1.21
隧道与构造的关系	1.59	0.62	0.87	0.71	1.00	1.39	0.79	0.65	0.70	1.18	0.70	2.79	1.59	0.86
地表汇水面积	1.14	0.44	0.62	0.51	0.72	1.00	0.57	0.47	0.50	0.85	0.50	2.00	1.14	0.62
降雨入渗系数	2.02	0.78	1.10	0.90	1.27	1.76	1.00	0.82	0.88	1.50	0.88	3.53	2.02	1.09
岩层富水性	2.46	0.96	1.34	1.10	1.54	2.15	1.22	1.00	1.08	1.82	1.08	4.30	2.46	1.32
地下水分带性	2.29	0.89	1.24	1.02	1.44	2.00	1.13	0.93	1.00	1.70	1.00	4.00	2.29	1.23
隧道工程埋深	1.35	0.52	0.73	0.60	0.85	1.18	0.67	0.55	0.59	1.00	0.59	2.36	1.35	0.73
与隧道轴线的水平距离	2.29	0.89	1.24	1.02	1.44	2.00	1.13	0.93	1.00	1.70	1.00	4.00	2.29	1.23
开挖断面积（单洞）	0.57	0.22	0.31	0.26	0.36	0.50	0.28	0.23	0.25	0.42	0.25	1.00	0.57	0.31
施工工艺	1.00	0.39	0.54	0.45	0.63	0.88	0.50	0.41	0.44	0.74	0.44	1.75	1.00	0.54
防堵水技术	1.86	0.72	1.01	0.83	1.17	1.63	0.92	0.76	0.81	1.38	0.81	3.25	1.86	1.00

表 3-9　指标权重表

指标	地貌类型	地层岩性	构造发育情况	破碎带发育程度	隧道与构造的关系	地表汇水面积	降雨入渗系数
权重	0.0413	0.1063	0.0759	0.0925	0.0658	0.0472	0.0833

指标	岩层富水性	分带性	隧道工程埋深	与隧道轴线的水平距离	开挖断面积（单洞）	施工工艺	防堵水技术
权重	0.1015	0.0944	0.0557	0.0944	0.0236	0.0413	0.0767

4. 评价范围及评价单元划分

根据《重庆市地下工程地质环境保护技术规范》（DBJ50/T-189—2014）的要求，地下工程地质环境保护工程勘察范围不应小于地下工程影响区，包括可能受影响的地表水体、地下水可能的疏降范围、可能的地表变形范围，因此地质环境负效应评价范围也不应小于地下工程影响区。

根据重庆市典型隧道地质环境调查，结合地质条件和隧道工程条件综合确定，隧道工程地质环境负效应评价范围沿隧道轴线方向不应小于隧道长度，在隧道两侧方向均不宜小于 5km，若该范围内有明确的分水岭或明确的水文地质单元时，可以将分水岭或水文地质单元作为评价范围边界。

评价单元的划分直接影响评价结果，划分得太大，虽然运算减少了，但是预测结果的精度和准确性就得不到保证；划分得太小，运算量就会增大。因此需要结合隧道工程的实际情况，确定评价单元的大小，在保证预测结果精度满足要求的前提下提高运算速度。

本书在指标权重输入、评价指标图层的赋值、综合评价计算时均采用计算机编程运算，网格划分大小主要影响运算时间，而对前期评价模型的建立和赋值等影响不大。因此在计算机运算时间允许的前提下网格应尽量划小，以提高预测精度。根据本书对评价范围的确定方法，评价单元不宜大于 50m×50m。

5. 综合评价结果等级划分

参照国内外常用的评价结果等级划分标准，本书将隧道工程地质环境负效应评价等级共划分为 5 个等级，分别是弱（Ⅰ）、较弱（Ⅱ）、中等（Ⅲ）、较强（Ⅳ）、强（Ⅴ），根据指标量化值进行差分，初步确定了综合评分等级区间，见表 3-10。

表 3-10　综合评价结果对照表

综合评分	0~0.26	0.26~0.42	0.42~0.58	0.58~0.74	0.74~1.00
综合评价等级	弱（Ⅰ）	较弱（Ⅱ）	中等（Ⅲ）	较强（Ⅳ）	强（Ⅴ）

3.1.3　隧道工程地质环境负效应评价系统实现

指标体系是整个评价过程的基础，指标权重是影响评价结果的关键，而评价结果的准确性和可靠性则需要相应的数学模型加以计算和验证。鉴于此，评价系统应具备的功能主要包括：①建立指标体系；②计算专家权重；③实现综合评价过程。由于系统涉及多个数学模型和大量数据计算，故在开发系统时首先应尽量避免不同数学模型之间的数据交叉，以免发生“链式反应”。同时，应对模型中间计算过程或最终结果数据进行保存，以便数据再生利用，避免重复计算。程序针对隧道地质环境影响进行预测评价，实现指标打分、权重计算、隧道工程地质环境负效应评价计算。

本书采用 VB6.0 编写计算程序实现对隧道工程地质环境负效应评价。

程序采用专家指标打分，通过内置的数据分析程序，得出指标权重，并进行权重一致性检验。Auto CAD 软件因其便捷的操作，在工程上应用广泛。本程序利用 Auto CAD 软件做前期处理，勾画评价区域，将勾画指标区域保存为 dxf 文件导入程序，输入相关参数后，完成指标赋值及计算评价数据，并将数据处理为 Tecplot 格式，使用 Tecplot 出图。

3.2 隧道工程地质环境负效应评价——以重庆市绕城高速玉峰山隧道为例

3.2.1 工程概况及区域地质环境

1. 工程概况

玉峰山隧道为单向行驶的双洞公路特长深埋隧道，呈南东-北西向展布，南东向始于重庆市渝北区龙兴镇石壁山村六社的新纸厂一侧，向北西穿越玉峰山，途经渝北区玉峰山镇石壁村；北西向止于重庆市渝北区双凤桥街道办事处苟溪桥村康家湾。隧道交通位置见图 3-1。隧道设计单洞宽为 15.154m，净高度为 7.928m，两洞轴线相距 20m，为人字坡，洞身平面上呈直线形，隧道轴线地面标高与设计路面标高最大高差可达 400m，隧道开挖方法为新奥法。

2. 区域地质环境

1）地形地貌

区域上玉峰山隧道位于四川盆地东南部，地形上主要呈现狭长条形低山山脉与丘陵相间的"平行岭谷"景观，本区地貌发育受构造和岩性的控制明显，背斜一般成山，向斜除局部位于桌状山外，其他一般为丘陵地形，其景观展布与构造线相吻合。在背斜山地，凡有石灰岩出露的地方，往往形成岩溶槽谷；在向斜地区，由于地层产状变化和红层岩性的差异，往往形成"坪""岭""丘"地形，按成因类型和成因形态分为侵蚀堆积地形、构造剥蚀地形、侵蚀溶蚀地形三种。

区内铜锣山南端的玉峰山，铁山坪构成的背斜山，自北向南延伸，山脉下部与背斜走向一致，总体呈条带状山脊，山脊的中部为下三叠统嘉陵江组（T_1j）及中三叠统雷口坡组（T_2l）灰岩岩溶槽谷，槽谷宽约 1.5km，分布高程一般在 400~600m，槽谷中溶蚀残丘、落水洞发育；山脊的两侧砂泥岩区形成 20°~50°的顺向斜坡地形，高程为 200~700m，两侧斜坡与中部槽谷间形成呈"驼峰"状的"双脊"。

隧道进口位于南东侧斜坡下部，地形坡角一般为 15°~35°。隧道出口位于北西侧斜坡下部，地形坡角为 10°~40°。区内地形最高标高点位于大坡，标高+734.5m，最低点位于隧道出口，标高+305m，隧道穿过地带的相对高差达 430m，隧道最大埋深约为 400m。

2）地层岩性

本区属沉积岩广泛发育区域，侏罗系地层厚度最大，分布最广，三叠系次之，第四系零星分布，其他年代地层则未见出露或缺失。地层有第四系（Q）、中侏罗统上沙溪庙组（J_2s）、下沙溪庙组（J_2xs）、新田沟组（J_2x）、下侏罗统自流井组（J_1zl）、珍珠冲组（J_1z）、上三叠统须家河组（T_3xj）、中三叠统雷口坡组（T_2l）、下三叠统嘉陵江组（T_1j）。地层岩性由新至老分述如下。

A. 第四系

主要为第四系全新统近代河流冲积层（Q_4^{al}），为细粉砂砾卵石层，一般厚 10 余米，

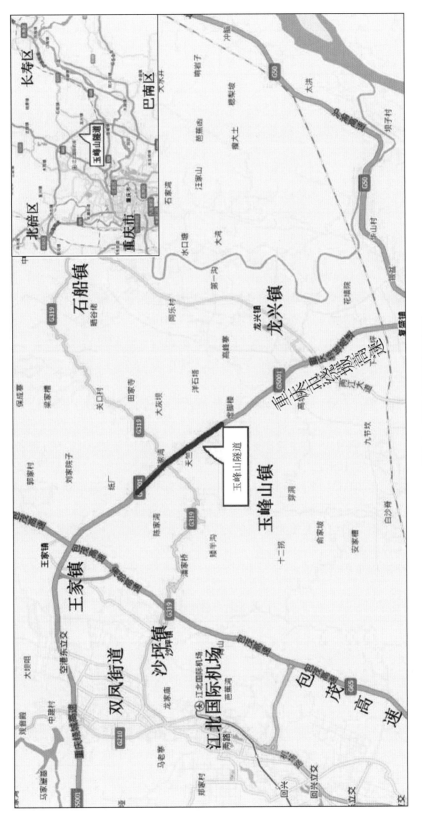

图 3-1　玉峰山隧道交通位置

零星分布于长江及其支流的河床上。其次为分布于沟谷、斜坡的残坡积层（Q_4^{dl+el}）及崩坡积层（Q_4^{col+dl}），厚 0～8m，以低液限黏土为主，含少量碎石，偶含块石，褐黄色，多呈硬塑状，局部呈软塑状。

B. 侏罗系

中统上沙溪庙组（J_2s）：紫红色泥岩为主与砂质泥岩、泥质砂岩呈平等厚互层，夹 9～14 层灰紫色透镜状长石砂岩，底部为较稳定的灰黄、灰紫红色长石砂岩，即嘉祥寨砂岩。总厚 993～1328m。

中统下沙溪庙组（J_2xs）：顶部为紫红色、杂色泥岩及黄绿色叶肢介页岩；中下部为紫红、暗紫红色泥岩、砂质泥岩、泥质砂岩，夹 2～5 层不稳定的厚 3～15m 的青灰色、灰紫色厚层长石石英砂岩；底部为一层厚 2～15m 的青灰、黄绿色厚层石英砂岩，一般称其为关口砂岩。总厚 191～390m。

中统新田沟组（J_2x）：黄绿色、灰绿色砂质页岩、泥岩夹同色石英粉砂岩，底部为一层厚 3m 的石英砂岩。总厚 45～297m。

下统自流井组（J_1zl）：分为大安寨段、马鞍山段、东岳庙段，岩性以紫红色、黄绿色泥岩页岩为主，夹石灰岩、介壳灰岩。总厚 100～310m。

下统珍珠冲组（J_1z）：暗紫红色泥岩，粉砂质泥岩，砂质页岩夹 2～3 层石英砂岩，底部有砾岩、页岩，以及赤铁矿。总厚 78.4～264m。

C. 三叠系

上统须家河组（T_3xj）：分布于低山山脉及两侧，按岩性可将本区域分为 6 部分。厚 172～1190m。

中统雷口坡组（T_2l）：主要为白云质灰岩、白云岩及泥灰岩，偶夹石灰岩，底部有水云母黏土岩，厚 0～110m。

下统嘉陵江组（T_1j）：嘉陵江组厚 520m，主要为一套薄-中厚层状灰岩、灰白色灰岩、白云质灰岩夹白云岩，局部夹薄层泥岩和页岩，按岩性可分为四段。

下统飞仙关组（T_1f）：主要为紫红色泥岩、灰紫色泥灰岩，下部含泥质微晶灰岩、生物碎屑灰岩，以及鲕状灰岩。

各地层情况详见表 3-11。

表 3-11　地层简表

界	系	统	组	段	代号	厚度/m	岩性
新生界	第四系	全新统	—	—	Q_4^{al}	0～10	细粉砂及砂砾卵石层，零星分布于长江及其支流的河床上
			—	—	Q_4^{col+dl} Q_4^{el+d}	0～8	低液限黏土为主，含少量碎石，偶含块石，褐黄色，多呈硬塑状，局部呈软塑状
中生界	侏罗系	中统	上沙溪庙组	—	J_2s	993～1328	紫红色泥岩为主，与砂质泥岩、泥质砂岩呈不等厚互层，夹 9～14 层灰紫色透镜状长石砂岩，底部为嘉祥寨砂岩
			下沙溪庙组	—	J_2xs	191～390	顶部为紫红色、杂色泥岩及黄绿色肢介页岩，中下部为紫红、暗紫红色泥岩、砂质泥岩、泥质砂岩，底部为关口砂岩

续表

界	系	统	组	段	代号	厚度/m	岩性
中生界	侏罗系	中统	新田沟组	—	J_2x	45~297	黄绿色、灰绿色砂质页岩、泥岩夹同色石英粉砂岩，底部为一层厚 3m 的石英砂岩
		下统	自流井组	大安寨段	J_1zl^3	20~40	泥岩、页岩为主，夹石灰岩
				马鞍山段	J_1zl^2	62~179	泥岩为主，夹粉砂岩
				东岳庙段	J_1zl^1	12~90	页岩、砂质泥岩为主，夹介壳灰岩
			珍珠冲组	—	J_1z	78~264	泥岩、粉砂质泥岩、砂质页岩夹 2~3 层石英砂岩，底部有砾岩、页岩及赤铁矿
中生界	三叠系	上统	须家河组	六段	T_3xj^6	54~280	长石石英砂岩，偶夹薄层页岩
				五段	T_3xj^5	0~59	页岩、砂质泥岩、砂质页岩夹薄煤层及长石石英砂岩
				四段	T_3xj^4	83~267	长石石英砂岩，偶夹页岩、砾岩
				三段	T_3xj^3	0~68	页岩、砂质泥岩，砂质页岩夹薄煤层
				二段	T_3xj^2	15~250	长石石英砂岩夹页岩、砂质页岩
				一段	T_3xj^1	20~166	页岩、砂质泥岩、砂质页岩夹薄煤层及长石石英砂岩
		中统	雷口坡组	—	T_2l^1	0~110	白云质灰岩、白云岩及泥灰岩，偶夹石灰岩，底部有水云母黏土岩
		下统	嘉陵江组	四段	T_1j^4	88~93	厚层块状灰岩、白云岩、白云质灰岩夹角砾状灰岩
				三段	T_1j^3	137~203	灰岩、含少量白云质灰岩、白云岩
				二段	T_1j^2	84~99	浅灰色白云质灰岩、白云岩夹灰岩，角砾状灰岩
				一段	T_1j^1	194.6~268.9	青灰色薄层状灰岩夹蠕虫状灰岩和页岩，顶部为泥岩与灰岩的互层
			飞仙关组	—	T_1f	400~510	紫红色泥岩、灰紫色泥灰岩，下部为含沿线质微晶灰岩及生物碎屑灰岩，鲕状灰岩

3）地质构造

在区域地质构造上，本区位于新华夏系第三沉降带四川盆地东南缘，为川东南弧形构造带宣汉—重庆平行褶皱束。区内地质构造主要以隔挡式构造为主，主要特点是各背斜轴线大致平行，轴面扭曲弯曲度大致相同，皆为狭长不对称背斜，一般东翼陡，西翼缓，轴线变化不大；背斜轴面西倾，过长江转为东倾。背斜窄，向斜宽缓，组成隔挡式构造，平面上具雁行排列特征，反映了由北西向南东的地应力主动作用。隧道穿越的构造为铜锣峡背斜。铜锣峡背斜北起达县南止长江，大致呈 NNE-SSW 向延伸，轴部走向为北东 20°，延伸长达 200km，在 SW 端的铁山坪一带向南西倾伏，倾伏角达 30°。

隧道区所处的铜锣峡背斜轴轴向 N30°E，为一轴部较缓，南东较陡，北西较缓的不对称箱式背斜，背斜轴面倾向北东，核部出露的最老地层为下三叠统嘉陵江组二段，下部隐伏有下三叠统嘉陵江组一段地层，两翼依次分布中三叠统雷口坡组、上三叠统须家河组地层，北西翼岩层产状为 290°~305°∠64°~72°，倾角变化大。

根据重庆市 1：5 万区域地质图，隧道轴线以北约 1km 处发育一条小型逆断层，断层走向与背斜走向一致，延伸 2.2km，断层产状为 315°∠70°。此外区内未发现次级褶皱及其他断层。

隧道进口段地层为下侏罗统珍珠冲组（J_1z）和自流井组（J_1zl），主要发育两组裂隙：①20°∠88°，裂面平直，微张，间距 1～3m，可见长 1～5m，为主要裂隙；②263°∠32°，裂面较平，闭合，间距 0.5～2m，可见长 1～3m。

隧道出口段地层为下侏罗统珍珠冲组和自流井组，主要发育两组裂隙：①145°∠62°，裂面平直，贯通性较差，间距 0.3～0.5m，裂宽 1～4mm，多无充填；②10°∠85°，裂面较平，上部张开 0.5～2mm，局部有少量泥碎石充填，间距 1.5～3mm，可见长 3～5m。

隧道洞身段背斜两翼 T_3xj 地层段植被发育，基岩露头少，在背斜北西翼 T_3xj 砂岩中测得两组裂隙：①96°～130°∠65°～81°；②218°～236°∠64°～85°。在背斜南东翼 T_3xj 砂岩中测得两组裂隙：①190°～220°∠40°～70°；②20°～60°∠50°～75°，裂面较平，张开 0.5～2mm，局部有少量黏土充填，间距 1.5～3m，可见长 3m。

在 T_2l、T_1j 的灰岩、泥质灰岩、白云岩中测得两组裂隙：①50°～60°∠60°～80°，裂面较平，张开 0.1～30cm，局部有泥钙质物充填，裂隙间距 0.5～2m，可见长 5～10m；②走向 205°～215°，直立，裂面呈波状起伏，为穿层裂隙，与层面交汇处岩溶较发育。岩溶多沿这两组裂隙面发育，岩溶发育使岩体变破碎。

背斜核部灰岩中节理裂隙发育，且较为杂乱，一般大于 3 组，本书调查地表主要可见两组裂隙：①300°～330°∠67°～72°，裂面呈波状，张开 0.1～20cm，局部有泥钙质物充填，裂隙间距 0.5～1m，可见长 3～12m；②70°～80°∠80°，裂面微曲，张开 0.1～30cm，无充填，裂隙间距 0.3～0.5m，可见长 5m。

3. 工程地质条件

1）岩体裂隙发育程度

根据本书地质构造内容，岩体裂隙发育程度在宏观上受构造发育控制，表现为背斜轴部受张应力作用明显，裂隙发育较背斜两翼强。根据各地层节理裂隙调查情况，背斜轴部岩体切割严重，裂隙一般大于 3 组，岩体裂隙发育；背斜两翼岩层一般发育两组主控裂隙，裂隙间距一般大于 0.3m，岩体裂隙较发育。

2）岩体完整程度

根据隧道工程地质勘查报告，下三叠统嘉陵江组和中三叠统雷口坡组灰岩均为薄-中厚层状，嘉陵江组岩层总体位于背斜轴部，裂隙发育，岩体多为碎裂状，岩体破碎，雷口坡组裂隙较发育，岩体较破碎；上三叠统须家河组以厚层状-块状砂岩、粉砂岩为主，裂隙较发育，间距一般大于 1m，岩体较完整；下侏罗统珍珠冲组和自流井组页岩、泥岩岩体结构类型为薄层状，裂隙较发育，岩体较破碎。

4. 水文地质条件

1）区域水文地质条件

四川运动过程中定型的北北东向隔挡式褶皱和新构造运动间歇性不均匀抬升，导致区内碳酸盐岩岩溶含水岩组集中出现于背斜隆起区轴线与核心地带；控制了碎屑岩孔隙，裂隙含水岩组沿背斜周边分布和基岩（红层）裂隙水大多局限在向斜地区的特点，而不同构造单元及其间背斜、向斜的构造应力的差异所决定的节理系统特征与发育程度，影响着碳酸盐岩岩溶的发育方向、岩溶水活动深度以及深循环温泉水的形成。导致碎屑岩孔隙、裂隙之间含水岩组径流循环较优的自流斜地形成；同时也决定了基岩（红层）裂隙含水量不均匀及富水程度相对较弱的总特点。本区属长江水系，平面上水系呈树枝状，横向冲沟发育，背斜中部的黑石梁—尖峰寺—小煤垭一线山脊为本区地表水分水岭，标高 630～680m。山脊北西的地表水汇入朝阳河，南东的地表水汇入御邻河，朝阳河及御邻河向南西径流流入长江。

2）隧址区水文地质条件

玉峰山隧道横穿铜锣峡背斜山，隧址区广泛出露中生代沉积岩，岩性为碳酸盐岩、碎屑岩与松散碎屑堆积三大类，碳酸盐岩类包括雷口坡组、嘉陵江组的石灰岩、白云质石灰岩、角砾状石灰岩、泥灰岩，间夹钙质页岩、页岩、砂岩，它们分布于背斜核部的因溶蚀作用而形成的岩溶槽谷中，其中雷口坡组分布于岩溶槽谷两侧逆向斜坡带中，而嘉陵江组灰岩分布于岩溶槽谷中部谷底带；碎屑岩包括须家河组、珍珠冲组、自流井组、新田沟组、下沙溪庙组的砂岩、泥页岩及各种过渡类型，它们分布于背斜两翼，形成顺向斜坡地形；松散碎屑堆积局限于第四系。

A. 松散岩类孔隙水

隧址区第四系分布局限，第四系松散岩类孔隙水富水程度受控于松散堆积物的岩性、分布位置和地形切割破坏程度，一般含水性差，水量贫乏，受大气降水影响显著，富水性弱。

B. 基岩（红层）裂隙水

基岩（红层）裂隙水主要存在于下侏罗统自流井组（J_1zl）、下侏罗统珍珠冲组（J_1z）泥岩及砂岩强风化带网状风化裂隙中，为浅层地下水。隧址区主要分布在进出口带，仅降雨时暂以少量上层滞水的形式存在，研究发现该风化裂隙水分布区的泉流量多小于0.05L/s，多为季节性井，泉井均为久晴即干，地面多呈贫水状，故富水性弱。

C. 碎屑岩孔隙裂隙层间水

碎屑岩孔隙裂隙层间水主要分布于上三叠统须家河组地层中，因厚层砂岩间夹有相对隔水的泥页岩或煤层裂隙而含水，故具有层间水性质，含水性较好。碎屑岩孔隙裂隙层间水主要分布于背斜两翼，据调查该类型泉水的流量多为 0.5～5L/s，平硐及小煤窑的涌水量取决于掘进位置的高低和穿过含水砂岩段的长度，穿过全层的长平硐流量可达 5.9～76.4L/s，小煤窑流量一般为 1～5L/s。根据区域水文地质调查报告，须家河组地层地下径流模数系数值一般为 2.2～6.27L/（s·km²），常见系数值为 2.95～5.84L/（s·km²），富水性中等。

D. 碳酸盐岩岩溶水

碳酸盐岩岩溶水分布于铜锣峡背斜轴部，地形上属岩溶槽谷区，呈长条形展布，两侧封闭较好，地层岩性包括雷口坡组、嘉陵江组的石灰岩、白云质石灰岩、角砾状石灰岩、泥灰岩，间夹钙质页岩、页岩、砂岩，碳酸盐岩质纯、厚度大、分布广、岩溶发育，槽谷呈串珠状的落水洞、溶洞、漏斗等岩溶形态发育，其成为大气降水、地表水渗入的通道，地下水汇集在岩溶管道中，储存运移，形成岩溶地下水。

受构造、岩性组合、地貌条件及水文网切割的影响，岩溶的发育程度及深度不均匀造成岩溶水富集程度的差异。地下水一般顺构造线方向作纵向径流和排泄，多以泉和暗河等形式出露，在温塘河段背斜轴部发育一条龙洞湾暗河，背斜西翼发育一条感应洞暗河，标高 190m 左右，流量为 1191m³/d，黄草坝、温塘坝出露诸多温泉、冷泉，总流量达 8641m³/d，表明岩溶地下水量丰富，冷水水化学类型为 $HCO_3\text{-}Ca$，温泉水质类型为 $SO_4\text{-}Ca$；水温为 30～48℃，矿化度为 1～2g/L。根据勘察资料，该区域 9 个泉和暗河总流量为 181.96L/s，其中暗河流量为 100L/s。

地下水径流模数在槽丘地段为 8.6～22.1L/（s·km²），多数为 11.9～13.24L/（s·km²）；槽洼地段为 4.37L/（s·km²），在溢出带增至 12.7L/（s·km²）；槽沟为 7.2L/（s·km²）；槽丘、槽沟、槽坡、槽洼的组合地段为 7.06～26.11L/（s·km²）。

　E. 隔水层

隔水层分布于背斜两翼的侏罗系红层，三叠系须家河组泥、页岩，三叠系嘉陵江组四段底部泥质胶结的角砾岩，嘉陵江组一段顶部泥岩及下伏地层飞仙组泥、页岩，其孔隙度低，渗透率小、裂隙不发育，不具备越流条件，可有效控制岩溶水向地表溢流及向深部运移，为隔水层，是构成岩溶水发育的边界。

3.2.2　玉峰山隧道地质环境负效应评价

1. 评价模型

根据玉峰山隧道地形地貌和构造条件，隧道轴线总体垂直构造轴线，隧道以南岩溶槽谷延伸约 5.5km，隧道以北岩溶槽谷延伸较远，大于 5km，区内无明显的分水岭，因此模型评价范围是在隧道轴线两侧各取约 5.5km；隧道近直线，长约 3.5km，进出口高程约为 320m，因此评价模型在轴线方向取 3.5km，高程在 320m 及以上的范围内，评价单元格为 20m×20m，共计约 250000 个网格，能够达到分区评价的精度，评价区域如图 3-2 所示。

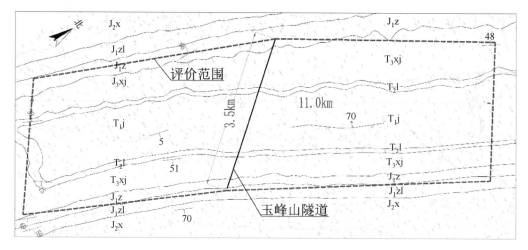

图 3-2　玉峰山隧道评价模型

2. 指标量化及提取

根据 3.1 节建立的评价指标体系，以指标量化分级表（表 3-4）为依据，结合玉峰山隧道工程概况、自然地理、地质背景条件，分别将各指标图层进行分区赋值，赋值说明见表 3-12。

表 3-12　指标赋值说明表

评价指标	分区赋值说明
地貌类型	评估区总体为垄脊构造溶蚀地貌，地形为一南北向山脊，山脊顶部为垄脊槽谷，其中包含槽沟、槽洼、槽丘、槽坡等地貌，主要为槽谷两侧岭脊之间的范围，负效应等级为强，量化值为 0.9；山脊两侧斜坡为构造侵蚀山地地貌，斜坡地形，负效应等级为较弱，量化值为 0.3
地层岩性	下三叠统嘉陵江组分四段，总体为一套碳酸盐岩地层，主要为灰、白云质灰岩，其次为白云岩，局部夹薄层泥岩和页岩，负效应等级为强，量化值为 0.9；中三叠统雷口坡组主要为灰、黄灰色白云岩、白云质灰岩，中部夹盐溶角砾岩，均为可溶岩，负效应等级为强，量化值为 0.9；上三叠统须家河组分六段，其中二、四、六段主要为砂岩、粉砂岩，厚度大，一、三、五段主要为页岩、粉砂质泥岩和粉砂岩，厚度小，综合按砂岩、粉砂岩考虑，负效应等级为较弱，量化值为 0.3；侏罗系珍珠冲组和自流井组主要为页岩、泥岩，加薄层灰岩，负效应等级为弱，量化值为 0.1
构造发育情况	隧址区总体位于铜锣峡背斜，断层发育的构造区范围为断层主要影响范围，在走向上为断层长度，倾向上为断层面与隧道高程平面交线在地面上的投影线与断层线间的距离，负效应等级为强，量化值为 0.9；根据节理裂隙调查，背斜核部受张应力作用裂隙发育，负效应等级为较强，量化值为 0.7；背斜两翼岩层单斜产出，裂隙较发育，负效应等级为中等，量化值为 0.5
破碎带发育程度	下三叠统嘉陵江组岩体破碎，负效应等级为较强，量化值为 0.7；中三叠统雷口坡组与下侏罗统珍珠冲组和自流井组岩体较破碎，负效应等级为中等，量化值为 0.5；上三叠统须家河组以厚层状-块状砂岩、粉砂岩为主，裂隙较发育，岩体较完整，负效应等级为较弱，量化值为 0.3
隧道与构造的关系	隧道轴线与构造轴线夹角约为 70°，负效应等级为较强，量化值为 0.7
地表汇水面积	隧址区地形地貌为一山二岭一槽，槽谷相对低洼，两侧岭脊与槽谷形成汇水面积，总汇水面积大于 30km²，其中评估范围内的面积约为 25km²，负效应等级为强，量化值为 0.9；两侧斜坡无汇水条件，负效应等级为弱，量化值为 0.1
降雨入渗系数	根据玉峰山隧道勘察资料，T_2l+T_1j 碳酸盐岩岩溶水入渗系数为 0.4，负效应等级为较强，量化值为 0.7；T_3xj 碎屑岩孔隙裂隙层间水降雨入渗系数为 0.1，负效应等级为较弱，量化值为 0.3；J_1 基岩裂隙水降雨入渗系数小于 0.05，负效应等级为弱，量化值为 0.1
岩层富水性	根据隧址区水文地质条件，嘉陵江组和雷口坡组灰岩地下水径流模数在槽丘，以及槽丘、槽沟、槽坡、槽洼的组合地段一般大于 10L/（s·km²），负效应等级为强，量化值为 0.9；在槽洼地段一般为 7.2L/（s·km²），负效应等级为较强，量化值为 0.7；须家河组地下水径流模数一般为 2.2~6.27L/（s·km²），其中较缓的北西翼为 2.2~3.5L/（s·km²），负效应等级为较弱，量化值为 0.3；较陡的南东翼为 3~6L/（s·km²），负效应等级为中等，量化值为 0.5；侏罗系地层富水性差，多为相对隔水层，负效应等级为弱，量化值为 0.1
分带性	根据隧址区水文地质条件，区域分水岭位于评估区以北，区内无大的地下水补给源；区内灰岩区岩溶管道和岩溶裂隙发育，而区域最低排泄点位于评估区南侧长江，地下水通过评估区流向长江，因此区内灰岩地层属于强径流区；隧道高程 320m，高于区域最低排泄基准面，属于浅层饱水带，负效应等级为较强，量化值为 0.7；须家河组砂岩富水性为中等-较弱，裂隙较发育，无大的径流通道，属于弱径流区，负效应等级为较弱，量化值为 0.3；侏罗系地层多为弱含水层或相对隔水层，负效应等级为弱，量化值为 0.1
埋深	隧址区隧道埋深一般小于 400m，根据地形图，小于 200m 的负效应等级为强，量化值为 0.9；200~400m 的负效应等级为较强，量化值为 0.7
与隧道轴线的水平距离	根据评估区内距离隧道轴线的水平距离为依据进行相应划分和量化
开挖断面积	隧道为双洞隧道，隧道单洞开挖断面积为 94m²，双洞开挖断面积 188m²，负效应等级为中等，量化值为 0.5
施工工艺	隧道采用新奥法施工工艺，负效应等级为较弱，量化值为 0.3
防堵水技术	根据隧道工程相关资料，隧道采用复合初砌防水，负效应等级为中等，量化值为 0.5

　　基于 3.1.3 节开发的"隧道工程地质环境负效应评价系统"，将隧道工程区域图（DXF 文件）导入系统进行各个指标图层提取赋值，代表性指标图层如图 3-3～图 3-12 所示。

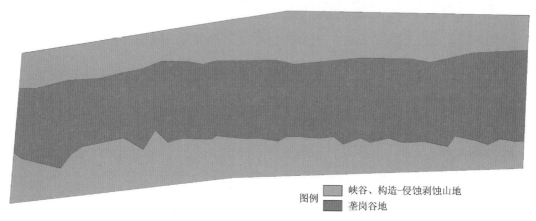

图 3-3　地貌指标图层

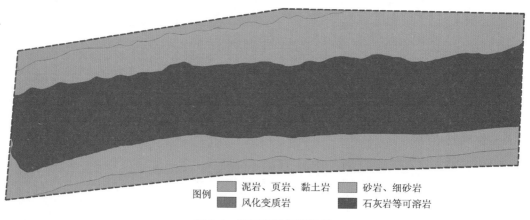

图 3-4　地层岩性指标图层

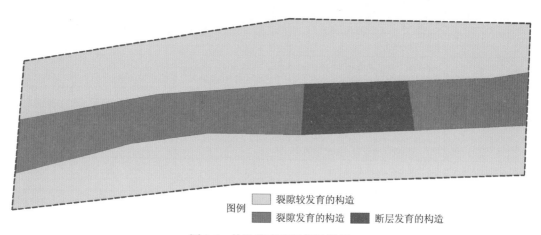

图 3-5　构造发育情况指标图层

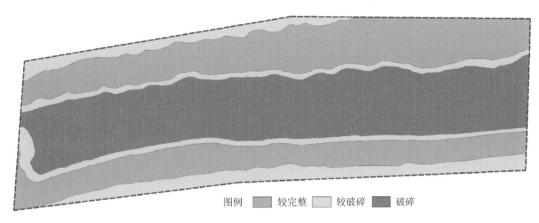

图 3-6　破碎带发育情况指标图层

图例　▨ 较完整　▨ 较破碎　▨ 破碎

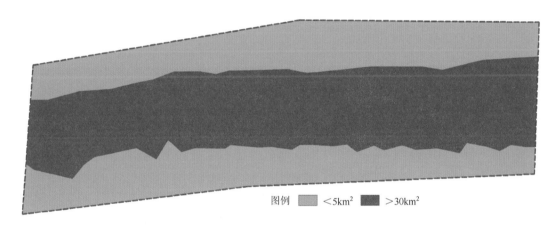

图 3-7　汇水面积指标图层

图例　▨ <5km²　▨ >30km²

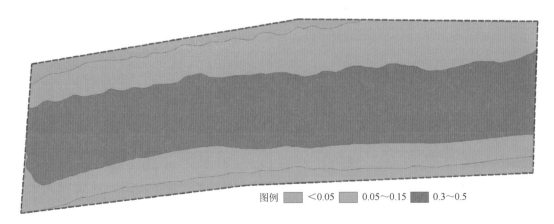

图 3-8　降雨入渗系数指标图层

图例　▨ <0.05　▨ 0.05~0.15　▨ 0.3~0.5

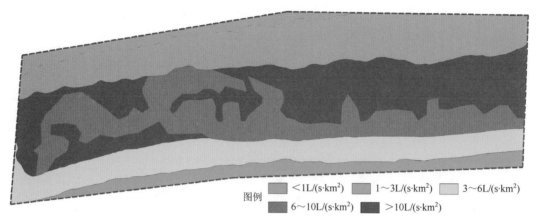

图 3-9　富水性指标图层

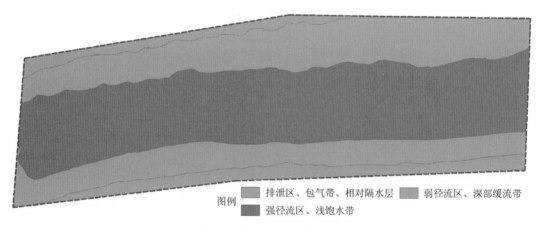

图 3-10　分带性指标图层

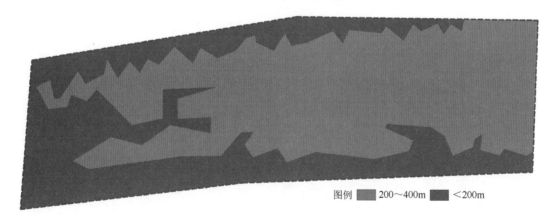

图 3-11　隧道埋深指标图层

3. 综合评价

　　基于 3.1 节地下工程地质环境评价指标体系及利用专家打分表计算得出的指标权重，利用开发的"地下工程地质环境评价软件"，对玉峰山隧道地质环境进行综合评价。利用

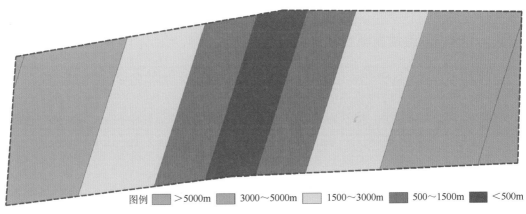

图 3-12　距隧道轴线距离指标图层

3.1 节中的指标图层量化及提取，导入到"地下工程地质环境评价软件"中进行计算分析，最终得到如图 3-13 所示的玉峰山隧道地质环境负效应综合评价图。综合评价分值为 0.26～0.78。根据 3.1 节中的初步评价分级标准，玉峰山隧道地质环境负效应可分为 4 个等级，分别为严重区、较严重区、中等区、较轻区。各分区概况见表 3-13。

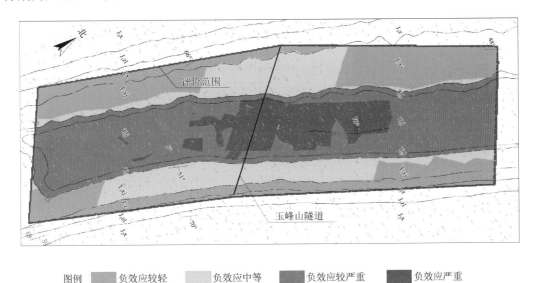

图 3-13　玉峰山隧道地质环境负效应综合评价

表 3-13　负效应综合评价分区概述

负效应分区	面积/km²	占评估区面积/%	概述
严重区	4.03	11.1	负效应严重区主要集中在灰岩槽谷区隧道轴线两侧 0～1km 内，此外还包括断层影响区，南侧距离隧道轴线 1km，北侧距离隧道轴线 2.3km
较严重区	13.28	36.6	负效应较严重主要为岩溶槽谷内除严重影响区以外的区域
中等区	10.41	28.7	负效应中等区位于山脊两侧斜坡须家河组砂岩，范围主要为隧道轴线两侧 0～2km
较轻区	8.56	23.6	负效应较轻区一般位于隧道轴线两侧 2km 范围以外的砂岩区及泥岩、页岩区

3.2.3 玉峰山隧道地质环境评价调查验证

通过实地调查对玉峰山隧道地质环境评价分区结果进行对比验证,首先对比验证评价结果的合理性,其次通过地质环境负效应调查,建立地质环境负效应等级与地质环境负效应表现形式间的对应关系。本次野外验证调查共 70 个调查点,其中井泉点 40 个,水库堰塘点 11 个,农田地貌点 12 个,地面塌陷点 4 个,河流溪沟点 1 个,边坡调查点两个。

1. 负效应严重区

该区内野外验证调查点共 31 个,其中井泉点 16 个,水库堰塘点 5 个,农田地貌点 5 个,地面塌陷点 4 个,河流溪沟点 1 个。代表性调查点分布情况见图 3-14、图 3-15。

| 水井干枯 | 泉眼干枯 | 堰塘干枯 |
| 河沟干涸 | 水田荒废 | 地面塌陷 |

图 3-14　玉峰山隧道效应严重区野外调查

负效应严重区的地质环境负效应表现形式多样,包括井泉、堰塘干涸、农田荒废、地面塌陷、河流溪沟断流等。

(1)井泉、堰塘干涸现象点多、程度严重,对当地居民生产生活影响最直接,影响也最大。只能靠政府输送自来水,但只能满足基本生活需要,生产用水极度缺乏。

(2)农田荒废现象最为普遍,基本遍布整个负效应严重区,大面积的农田荒废,长满杂草,部分农田转为旱地,只能耕种耐旱作物。农田已无法耕种水稻,当地居民只能购买成品稻米,政府虽然每年每人发放 400~500 元的补助,但很难从根本上解决问题。

(3)地面塌陷问题较为突出,且直接影响人民生命财产安全。据调查,2007~2010 年区域内发生约 50 个塌陷坑,主要分布在洼地农田处,且隧道轴线两侧 1km 范围内塌坑密度最大,同时地面塌陷还呈现集中分布现象,如梁家小堡塌陷点,发生塌陷 20~30 处。

综上所述,玉峰山隧道地质环境评价负效应严重区与实地调查影响严重区域较为吻合。

2. 负效应较严重区

该区内野外验证调查点共 27 个,其中井泉点 21 个,水库堰塘点 4 个,农田地貌点两个。代表性调查点分布情况见图 3-16、图 3-17。

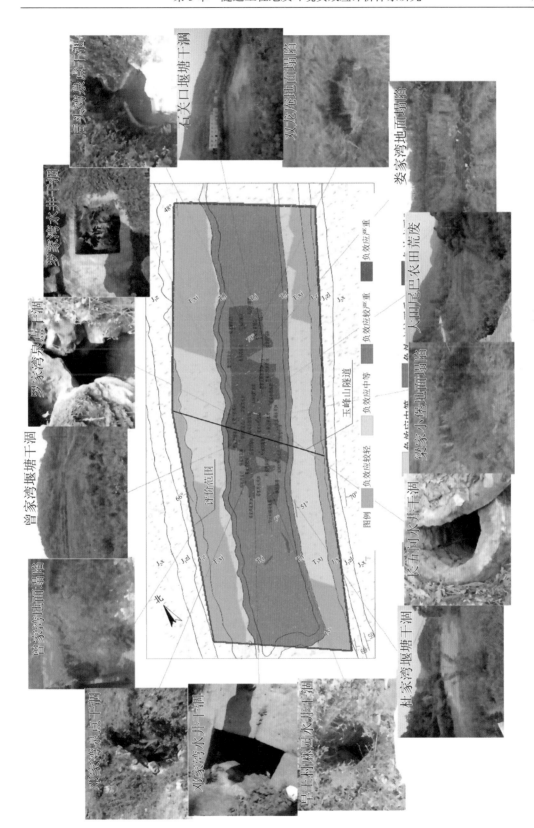

图 3-15　负效应严重区评价结果与实地调查对比

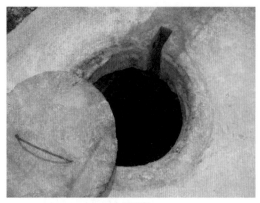
水井干枯

泉眼干涸

水田荒废

堰塘干涸

图 3-16　玉峰山隧道负效应严重区野外调查

负效应较严重区的地质环境负效应表现形式主要为井泉水量减少、堰塘水漏失，其次为农田水改旱。

（1）井泉、堰塘水量减少现象点较多、程度较严重，对当地居民生产生活影响最为直接，其中井泉大多表现为长期干涸或流量大幅度减少，虽雨季流量相对较大，但旱季接近无水或干涸，严重影响群众生产生活；堰塘大多表现为长期水漏失、蓄水困难、水位下降和蓄水面积大幅减小，对水产养殖及农田灌溉影响较大。

（2）农田荒废现象很普遍，基本遍布整个负效应较严重区，大部分农田转为旱地，耕种耐旱作物。部分农田荒废，长满杂草，部分农田已无法耕种水稻，当地居民只能购买成品稻米，政府虽然每年每人发放 400～500 元的补助，但很难从根本上解决问题。

（3）区内均为可溶岩，但根据调查访问，未发现地面塌陷点。

综上所述，玉峰山隧道地质环境评价负效应较严重区与实地调查影响较严重区域较为吻合。

3. 负效应中等区

该区内野外验证调查点较少，主要为地貌调查点，见表 3-14。

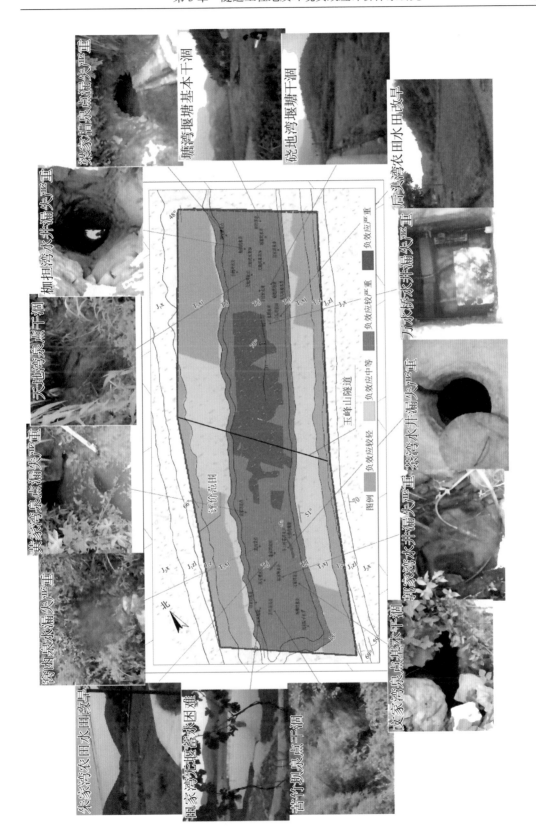

图 3-17 负效应严重区评价结果与实地调查对比

表 3-14　负效应中等区调查点概况

类型	名称	位置关系距离	负效应表现形式	照片
地貌点	黑石头地貌	隧道轴线以南 600m	调查点位于铜锣山东侧山坡，坡度约为 45°，土层厚度薄，局部基岩裸露，植被覆盖良好，铜锣山两侧斜坡的地貌基本一致	
地貌点	319 国道一侧地貌	隧道轴线以南 2400m	调查点位于铜锣山西侧山坡，319 国道一侧，土层厚度薄，局部基岩裸露，植被覆盖良好，铜锣山两侧斜坡地貌基本一致	

地质环境负效应中等区分布在山岭东西两侧的砂岩区，地形坡度大，植被覆盖好，无居民点分布，调查点少，未见地表水体、井泉点及地面塌陷点，调查沿两侧公路进行地貌景观调查，土层厚度小但植被覆盖良好，隧道修建前后无明显变化。综上所述，玉峰山隧道地质环境评价负效应中等区负效应地表表现形式不够显著，野外调查验证点较少，评价结果与实际情况的相符程度需增加实例验证。

4. 负效应较轻区

该区内野外验证调查点共 10 个，其中井泉点 3 个，水库堰塘点两个，农田地貌点 3 个，边坡点两个。代表性调查点分布情况见图 3-18。

地质环境负效应较轻区基本分布在山岭东西两侧的泥岩、页岩区，此外还有距离隧道轴线较远的砂岩区，地形坡度大，植被覆盖好，居民点分布较少，总体调查点较少。

（1）井泉、堰塘：由于地层为相对隔水层，地下水富水性差，井泉点、地表水体均较少。其中井泉流量一般较小，受季节影响明显，多用于农田灌溉，利用人数少；堰塘多为人工修建，规模较小，据村民反映，隧道修建前后变化不大。

（2）农田地貌：泥岩、页岩总体为丘陵地貌，植被以灌木为主，土地利用均为旱生作物，砂岩区植被覆盖良好，以松树为主，据调查和访问，该区域的土地利用方式在隧道修建前后无变化。

（3）区内均为砂泥岩地层，无地面塌陷现象，区内无常年地表径流，多为季节性冲沟，隧道修建前后无明显变化。

（4）边坡：隧道出入口均位于该区，隧道口为削竹式，在洞口两侧及上部均形成了人工边坡。据调查，在隧道出入口进行了专门的边坡治理，无变形破坏迹象，边坡稳定。

综上所述，玉峰山隧道地质环境评价负效应较轻区与实地调查影响较轻区域较为吻合。

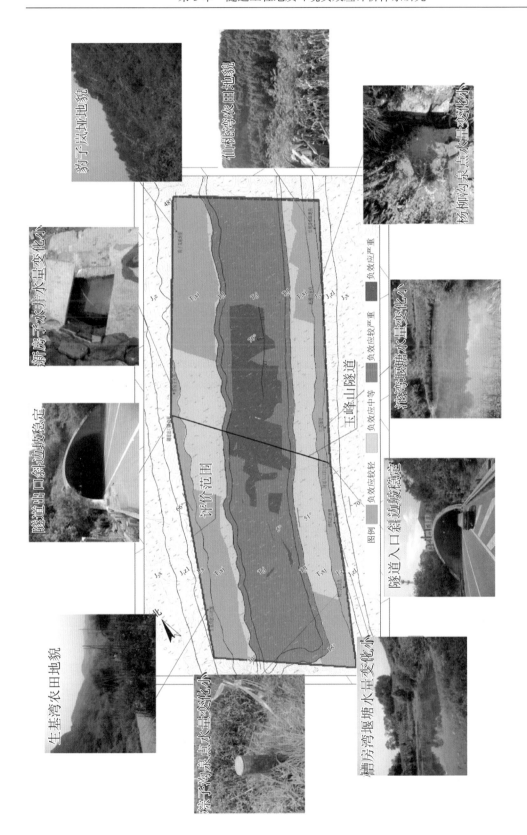

图 3-18　负效应较轻区评价结果与实地调查对比

3.3　隧道工程地质环境负效应评价——以渝湘高速武隆隧道为例

3.3.1　工程概况及区域地质环境

1. 工程概况

武隆隧道为单向行驶的双洞公路特长深埋隧道，呈南东-北西向展布，北西向起始于武隆县黄荆村西侧山坡坡脚乌江东岸，途经武隆县黄荆村和青坪村，南东向止于武隆县城以北，武隆县自来水公司一侧。武隆隧道交通位置见图 3-19。

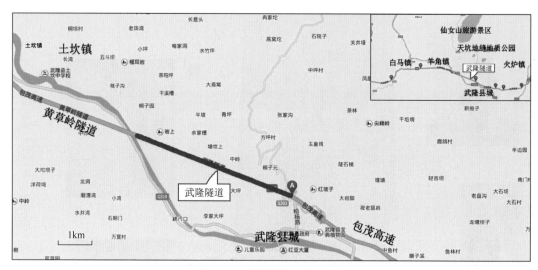

图 3-19　武隆隧道交通位置

隧道设计单洞宽为 10.5m，净高度为 5m，两洞轴线相距 20m，进洞口为端墙式，出洞口为削竹式，洞身平面上呈直线形，隧道轴线地面标高约为 230m，与设计路面标高最大高差可达 400m，隧道洞口开挖方法为明挖法，隧道洞身段开挖方法主要为新奥法。

2. 区域地质环境

1）地形地貌

隧址区地貌的发育受构造和岩性的控制明显，属乌江侵蚀河谷发育的低山峡谷地貌，山脉蜿蜒，河谷深切；区内地形整体西北高，东南低，调查区西侧和南侧为乌江，最低标高约为 170m，东侧为一南北向沟谷，底标高为 250～500m，北高南低，北侧与调查区外山脉相连，区内海拔为 400～800m，高差为 200～300m；山顶岩溶槽谷较发育，西侧乌江边的地形坡角最大，一般为 45°～55°，多形成陡崖，其他区域地形坡角相对较小，一般小于 25°。

2）地层岩性

根据区域地质资料及实地调查，调查区出露的主要地层由老到新依次为下二叠统、上二叠统、下三叠统飞仙关组、下三叠统嘉陵江组、中三叠统雷口坡组、上三叠统须家河组及第四系,现分述如下。

A. 下二叠统(P₁)

梁山组(P₁l):碳质页岩、黏土岩或铝土岩及鲕绿泥石铁矿透镜体,厚度为 3~8m。

栖霞组(P₁q):深灰、灰色中厚层(含)有机质生物碎屑灰岩,下部夹有机质页岩,厚度为 89m。

茅口组(P₁m):浅灰色厚-块状生物碎屑灰岩,含燧石团块及条带,灰黑色眼球状灰岩、有机质页岩,厚度为 377m。

B. 上二叠统(P₂)

吴家坪组(P₂w):深灰色中厚层含生物碎屑灰岩,夹薄-中厚层硅质层。底部为 3.5m 白灰色黏土岩、碳质页岩夹煤线,含黄铁矿,厚度为 126m。

长兴组(P₂c):浅灰色厚层含生物碎屑灰岩,含少许燧石团块。顶部有厚为 1m 灰色中厚层含白云质灰岩,厚度为 96m。

C. 下三叠统飞仙关组(T₁f)

该组分为四段。一段:黄灰色薄层泥质灰岩,底为厚 2~13m 的灰绿色水云母页岩,夹薄层泥质灰岩,厚度为 37~50m。二段:暗紫色含钙质页岩,夹浅灰色厚层灰岩,厚度为 126~215m。三段:顶为厚 4~20m 假鲕状灰岩,其下为浅灰色厚层灰岩,夹数层假鲕状灰岩及薄层含泥质灰岩,厚度为 157~209m。四段:紫红色钙质页岩,夹灰色水云母页岩、薄-中厚层含泥质灰岩,厚度为 21~28m。

D. 下三叠统嘉陵江组(T₁j)

该组分为四段。一段:浅灰色薄-中厚层灰岩,夹含白云质灰岩、鲕状灰岩,厚度为 145~237m。二段:灰色中厚层白云岩、白云质灰岩、岩溶角砾岩,夹含石膏假晶白云岩,厚度为 82~109m。三段:浅灰色中厚层灰岩、含白云质灰岩及含泥质灰岩,厚度为 107~133m。四段:上部为岩溶角砾岩,下部为浅灰色中-厚层白云岩,厚度为 91~112m。

E. 中三叠统雷口坡组(T₂l)

该组分为四段。一段:上部为灰绿色钙质页岩、粉砂质页岩夹薄层含泥质灰岩;下部为灰色薄层含泥质(白云质)灰岩及含钙质页岩;底部为厚 14~50m 灰色厚层灰岩。厚度为 115~186m。二段:上部为紫红色粉砂质(钙质)页岩;下部为灰绿色含粉砂质页岩及少许薄层含泥质灰岩,厚度为 114m。三段:灰色薄-中厚层(含)泥质灰岩、灰岩,夹含钙质页岩,厚度为 261m。

F. 上三叠统须家河组(T₃xj)

下亚组:顶为厚 0.5~1.5m 含碳质粉砂质页岩及钙质页岩或长石岩屑石英砂岩;中部为灰白色块状长石岩屑石英砂岩;底为厚 1~10m 页岩及碳质页岩。

上亚组:灰白色块状长石岩屑石英砂岩、岩屑砂岩,夹含碳质水云母页岩、煤线及水云母粉砂质页岩。

G. 第四系(Q₄)

填土(Q₄ᵐˡ):主要成分为粉质黏土、砂、泥岩碎石,碎石含量为 28%~35%,局部含有建筑、生活垃圾。稍湿,结构中密,厚度变化大,主要分布在调查区北部羊角镇居民区。

残坡积层（Q_4^{el+dl}）：下伏地层的岩性不同，主要为粉质黏土、红黏土。灰岩地区主要为红黏土，其他岩性地区主要为粉质黏土，色杂，均含有母岩碎块石，粉质黏土碎块石含量高。

3）地质构造

在区域地质构造上，本区位于新华夏系第三沉降带——四川盆地东南缘，属于川东弧形构造带的组成部分，区域上位于七曜山基地断裂以东，八面山弧形构造带内，区域内构造较复杂，区内断裂一般发育在褶皱轴部或近轴部，多为稀疏的平行构造轴线或与之斜交的断层，力学性质以压性或压扭性为主，规模不大。

调查区地处新华夏系第三沉降带川东南褶皱带八面山弧形构造转折翘起端，青杠向斜北西翼，七曜山基底断裂及接龙场断层东南侧，见图 3-20。区内岩层产状为140°～150°∠21°～32°，地层连续稳定，自西向东地层由老到新依次分布，分别为下二叠统、上二叠统、下三叠统飞仙关组、下三叠统嘉陵江组、中三叠统雷口坡组、上三叠统须家河组、下侏罗统珍珠冲组地层。

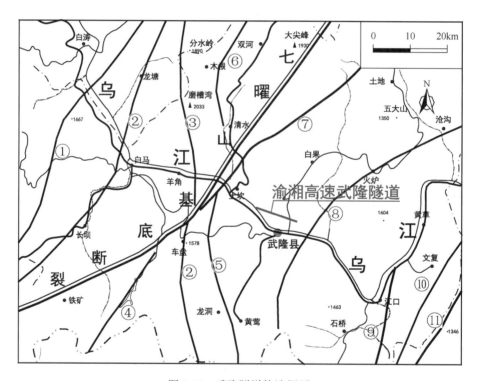

图 3-20　武隆隧道构造纲要

①桐麻湾背斜；②白马向斜；③大耳山背斜；④赵家坝背斜；⑤羊角背斜；⑥石柱向斜；⑦接龙场断层；⑧青杠向斜；⑨江口断层；⑩天星背斜；⑪火石垭逆掩断层

裂隙发育与岩石的力学强度密切相关，其中灰岩裂隙率最高，泥岩最低。岩石类型与裂隙发育程度关系顺序如下：灰岩＞砂岩＞粉砂岩＞泥岩。此外裂隙发育往往是构造应力的产物，在背斜核部裂隙率最高，背斜倾没端、向斜部位依次降低，以翼部最低，隧址区位于青杠向斜北西翼，裂隙发育程度总体较弱。根据区域地质资料，平均裂隙率在背斜核部为 5.3%，背斜倾没端为 4.64%，向斜轴部或翘引端为 3.92%，而背、向斜翼部为 3.71%。

隧道进口段地层主要为上二叠统灰岩，主要发育两组裂隙：①40°∠65°，裂面平直，微张，间距 0.5～0.7m，可见长约 2m，为主要裂隙；②235°∠69°，裂面较平，闭合，间距 0.8～1.2m，可见长 1～4m，根据区域地质资料，裂隙率为 1.83%。

洞身段地层有下三叠统飞仙关组，主要发育两组裂隙：①75°∠72°，裂面平直，贯通性较差，间距 0.4～0.6m，裂宽 1～3mm，多无充填；②198°∠82°，裂面较平，张开 0.5～5mm，局部有少量泥碎石充填，间距 1～1.2mm，可见长 2～5m，根据区域地质资料，裂隙率为 6.6%。下三叠统嘉陵江组，主要发育两组裂隙：①58°∠82°，裂面平直，贯通性好，间距 0.8～0.9m，裂宽 1～3mm，局部有充填。②165°∠77°，裂面较平，微张，无填充，间距 0.6～1mm，可见长 1～2m，根据区域地质资料，裂隙率为 6.88%。中三叠统雷口坡组，主要发育两组裂隙：①104°∠63°，裂面平直，贯通性好，间距 0.5～0.7m，裂宽 2～3mm；②196°∠79°，裂面较平，微张，间距 0.9～1mm，可见延伸 2～3m，根据区域地质资料，裂隙率为 5.44%。

隧道出口段地层为上三叠统须家河组，主要测得两组裂隙：①10°∠80°，裂隙面较平整，闭合，无填充，裂隙间距 1～2m；②328°∠88°，裂面平直，微张，黏土充填，宽度 0.2～0.4cm，间距 1～1.5m，可见长 3～5m。

4）工程地质条件

A. 岩体裂隙发育程度

根据上述地质构造内容，宏观上岩体裂隙发育程度受构造发育控制，表现为背斜轴部裂隙发育最强，且多为张裂隙；向斜轴部裂隙发育次之，多为闭合裂隙；两翼裂隙发育相对较弱，隧址区总体位于向斜一翼。根据对各地层节理裂隙调查情况，一般发育两组主控裂隙，裂隙密度较小，间距一般大于 0.6m，灰岩内裂隙较密集，其他岩性区域裂隙较稀疏，岩体裂隙总体较发育。

B. 岩体完整程度

根据隧道工程地质勘查报告及区域地质资料，二叠系灰岩构造为中-厚层状，裂隙发育程度为较发育，岩体完整程度为较完整；下三叠统飞仙关组一段、二段为薄层状灰岩，三段、四段为中-厚层状，裂隙发育程度为发育，岩体完整程度为较破碎；下三叠统嘉陵江组和中三叠统雷口坡组均为薄-中厚层状，岩性以灰岩为主，裂隙较发育，岩体完整程度为较破碎；上三叠统须家河组以厚层状-块状砂岩、粉砂岩为主，裂隙不发育，间距一般大于 1m，岩体较完整。下侏罗统珍珠冲组岩层构造多为中-厚层状，裂隙不发育，岩体较完整。

5）水文地质条件

武隆隧道穿越青杠向斜北西翼，地层为单斜构造，岩性主要为灰岩、页岩、粉砂岩，乌江在调查区南侧和西侧总体由东向西横穿青杠向斜，为调查区及其周边地下水和地表水的最低排泄基准面。通过调查分析，调查区东侧为张家沟，南侧与西侧为乌江，北侧与调查区外侧山脉相连，区内地下水径流方向为北东向南西，山顶岩溶槽谷内多发育有岩溶负地形，推测为落水洞，西侧山脚乌江边见一暗河出口，标高与乌江江面齐平（图 3-21）。

图 3-21　武隆隧道暗河出口

　　综上，区内含水层主要为灰岩、粉砂岩，相对隔水层为页岩、泥岩。调查区内无大地表水体和常年性地表径流，地下水主要由大气降雨沿岩溶落水洞下渗补给。此外，还接受调查区以北山脉地下水径流补给。地下水主要通过岩溶管道、暗河及碎屑岩裂隙径流，通过泉点、岩溶裂隙及暗河出口向乌江排泄，或通过区内沟谷排泄并最终汇入乌江。

　　调查区海拔一般为 400～800m，最低排泄基准面乌江海拔仅为 170m 左右，因调查区紧邻乌江，因此推断该区地下水稳定水位埋藏较深。根据区域水文地质资料，区内基岩全部为沉积岩。岩层含水情况不仅受岩性和裂隙发育程度的控制，而且受岩性、构造、地形和气候条件的制约。隧道区地下水分为三种类型：第四系松散层孔隙水、碎屑岩类孔隙裂隙水和碳酸盐岩裂隙岩溶水。

　　（1）第四系松散层孔隙水：主要分布在崩积层、残坡积层中，多为局部性上层滞水，水量小，动态幅度大，水质成分由含水介质的性质决定。冲积、残积、坡积层中的地下水，水质较好，水量较小。

　　（2）碎屑岩类孔隙裂隙水：含水层组主要为上三叠统须家河组石英砂岩，包括风化裂隙水和构造裂隙水，风化裂隙水分布在浅表基岩强风化带中，为局部上层滞水或小区域潜水，水量小，受季节影响大，各含水层自成补给、径流、排泄系统。构造裂隙水主要分布于粉砂岩中，水质好，动态稍稳定，以层间裂隙水或脉状裂隙水形式储存，页岩相对隔水。由于粉砂岩厚度不大，且分布范围小，故水量一般较小，为区域性潜水或局部承压水。

　　（3）碳酸盐岩岩溶裂隙水：含水岩组主要为下三叠统嘉陵江组一段、三段灰岩，其次为下三叠统飞仙关组一段、三段，以及中三叠统雷口坡组三段的泥质灰岩。从区域地质构造分析，调查区构造活动较强烈，纵张裂隙发育给岩溶裂隙水的补给提供了良好条件。岩性是控制岩溶发育强度的主要内因，该区碳酸盐岩分布较广，纵向岩溶和横向岩溶均较发育，根据武隆隧道修建相关资料，区内溶洞、暗河等较发育，且水量相对较大。

3.3.2　武隆隧道地质环境负效应评价

1. 评价模型

　　根据武隆隧道地形地貌和构造条件，隧道轴线总体垂直穿过青杠向斜北西翼。隧道西侧和南侧为乌江，高程约为 170m，为区域最低排泄基准面，低于隧道标高，东侧为山谷，隧道以北海拔逐渐增大，且延伸较远，无明显的分水岭和水文地质单元边界，因此模型评价范围在隧道轴线南侧和西侧均以乌江为边界。隧道东侧以山谷为边界，隧道北侧取 5km 为边界。因隧道高程约为 230m，因此评价模型取高程 320m 以上的范围，评价单元格为 20m×20m，共计约有 150000 个网格，能够达到分区评价的精度，评价区域如图 3-22 所示。

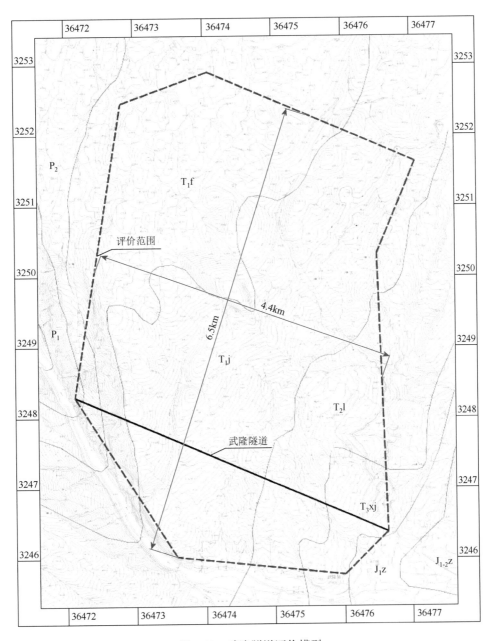

图 3-22　武隆隧道评价模型

2. 指标量化及提取

根据 3.1 节建立的评价指标体系，以指标量化分级表（表 3-4）为依据，结合武隆隧道工程概况、自然地理、地质背景条件，分别将各指标图层进行分区赋值，赋值说明见表 3-15。

表 3-15　指标赋值说明表

评价指标	分区赋值说明
地貌类型	评估区总体属乌江侵蚀河谷发育的低山峡谷地貌，西侧和南侧为峡谷。页岩及砂岩地层区属于构造剥蚀山地，负效应等级为较弱，量化值为 0.3；评估区中部及北部碳酸盐岩分布区地貌总体为构造-溶蚀形成的山地，负效应等级为中等，量化值为 0.5；评估区中北部大焉窝-王家垭口-小焉窝一带为岩溶洼地，呈现为负地形，负效应等级为严重，量化值为 0.9
地层岩性	根据隧址区地层资料，二叠系地层总体为灰岩，局部夹薄层的页岩，负效应等级为强，量化值为 0.9；下三叠统飞仙关组，分为四段，其中二段、三段主要为泥灰岩、灰岩，厚度较大，而一段、四段为页岩，厚度一般小于 50m，因此总体按可溶岩考虑，负效应等级为强，量化值为 0.9；下三叠统嘉陵江组分四段，总体为一套碳酸盐岩地层，主要为灰、白云质灰岩，其次为白云岩，负效应等级为强，量化值为 0.9；中三叠统雷口坡组分为三段，一段、二段主要为钙质页岩和砂岩页岩，局部夹薄层泥质灰岩，负效应等级为弱，量化值为 0.1；三段主要为泥质灰岩、灰岩，负效应等级为强，量化值为 0.9；上三叠统须家河组分两个组，总体为岩屑石英砂岩，局部夹薄层页岩，负效应等级为较弱，量化值为 0.3；侏罗系珍珠冲组主要为页岩、泥岩，负效应等级为弱，量化值为 0.1
构造发育情况	隧址区总体位于青杠向斜北西翼，区内无断层发育，岩层较平缓，倾角约为 20°，构造应力相对较小，裂隙较发育，负效应等级为中等，量化值为 0.5
破碎带发育程度	二叠系灰岩岩体完整程度为较完整，负效应等级为较弱，量化值为 0.3；下三叠统飞仙关组、嘉陵江组和中三叠统雷口坡组岩体完整程度为较破碎，负效应等级为中等，量化值为 0.5；上三叠统须家河组、下侏罗统珍珠冲组岩体较完整，负效应等级为较弱，量化值为 0.3
隧道与构造的关系	隧道轴线穿过青杠向斜北西翼，负效应等级为中等，量化值为 0.5
地表汇水面积	以局部分水岭为边界划分汇水单元，并分别计算各单元的面积，以此划分各自的负效应等级
降雨入渗系数	P_2 及 T_1f 以泥质、硅质灰岩为主，岩溶作用较强，降雨入渗系数为 0.2～0.3，负效应等级为中等，量化值为 0.5。根据调查，评估区西北部飞仙关组地层发育大量岩溶洼地及落水洞，降雨入渗系数较大，负效应等级为强，量化值为 0.9。T_1j 为纯质的灰岩、白云岩，岩溶作用强，降雨入渗系数为 0.3～0.5，负效应等级为较强，量化值为 0.7。T_2l 一段、二段主要为页岩，为相对隔水层，降雨入渗系数较小，负效应等级为弱，量化值为 0.1；三段主要为泥质灰岩，岩溶作用较强，负效应等级为中等，量化值为 0.5。T_3xj 以厚层砂岩为主，属于半坚硬岩石，裂隙较发育，贯通性较好，降雨入渗系数为 0.1～0.15，负效应等级为较弱，量化值为 0.3。J_1 以页岩、泥岩为主，为相对隔水层，裂隙较发育，但贯通性较差，降雨入渗系数小于 0.05，负效应等级为弱，量化值为 0.1
岩层富水性	出露于向斜翼部的碳酸盐岩地层，包括二叠系、三叠系飞仙关组、嘉陵江组、雷口坡组地层，灰岩出露位置高，构成垄脊中、低山地貌形态，岩溶总体中等发育，地下水径流模数为 3.13～5.78L/（s·km²），平均为 3.93L/（s·km²），负效应等级为中等，量化值为 0.5；须家河组露头分布狭窄，补给条件不良，富水性相对较差，地下径流模数一般为 0.5～4.82L/（s·km²），平均为 2.108L/（s·km²），负效应等级为较弱，量化值为 0.3；侏罗系地层富水性差，多为相对隔水层，地下径流模数为 0.135～0.324L/（s·km²），负效应等级为弱，量化值为 0.1
分带性	评估区总体位于乌江北岸，乌江为区域最低排泄基准面，因此，评估区在地下水分带性上总体属于排泄区。此外，页岩、泥岩区属于相对隔水层，负效应等级为弱，量化值为 0.1
埋深	隧址区隧道埋深一般≥800m。根据地形图，埋深<200m 的负效应等级为强，量化值为 0.9；埋深为 200～400m 的负效应等级为较强，量化值为 0.7；埋深为 400～600m 的负效应等级为中等，量化值为 0.5；埋深为 600～800m 的负效应等级为较弱，量化值为 0.3；埋深>800m 的负效应等级为弱，量化值为 0.1

续表

评价指标	分区赋值说明
与隧道轴线的水平距离	根据评估区内距离隧道轴线的水平距离为依据进行相应划分和量化
开挖断面面积	隧道为双洞隧道，隧道单洞开挖断面积为 83m²，双洞开挖面积为 166m²，负效应等级为中等，量化值为 0.5
施工工艺	隧道主要采用新奥法施工工艺，负效应等级为较弱，量化值为 0.3
防堵水技术	隧道采用复合初砌防水，负效应等级为中等，量化值为 0.5

基于 3.1 节中开发的"地下工程地质环境评价软件"，将隧道工程区域图（DXF 文件）导入系统进行各个指标图层提取赋值，指标图层提取赋值如图 3-23～图 3-30 所示。

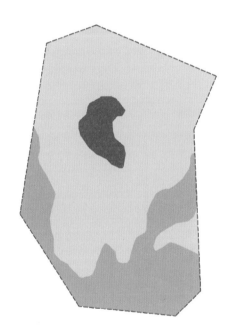

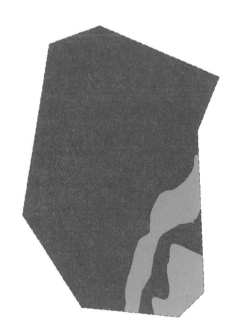

图例 □ 构造-溶蚀山地　□ 峡谷、构造-侵蚀剥蚀山地　图例 ▨ 泥岩、页岩、黏土岩　▩ 砂岩、细砂岩
　　　■ 垄脊槽谷、岩溶洼地　　　　　　　　　　　　　　　　■ 石灰岩等可深岩

图 3-23　地貌指标图层　　　　　　　　　　图 3-24　地层岩性指标图层

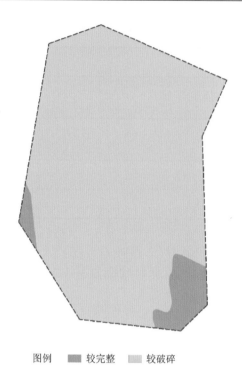

图例 ███ 较完整 ▒▒ 较破碎

图 3-25　破碎带发育情况指标图层

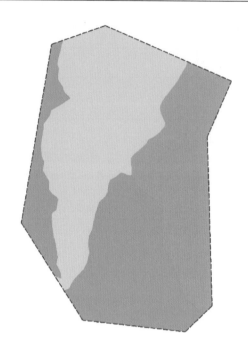

图例 ███ <5km² ▒▒ 5~10km² ░░ 10~20km²

图 3-26　汇水面积指标图层

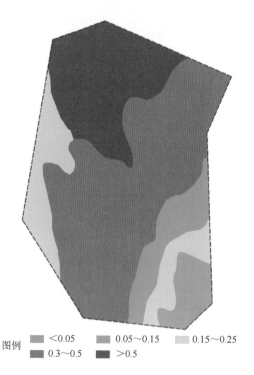

图例 ▒▒ <0.05 ███ 0.05~0.15 ░░ 0.15~0.25
　　 ███ 0.3~0.5 ███ >0.5

图 3-27　降雨入渗系数指标图层

图例 ███ <1.0L/(s·km²) ▒▒ 1~3L/(s·km²) ░░ 3~6L/(s·km²)

图 3-28　富水性指标图层

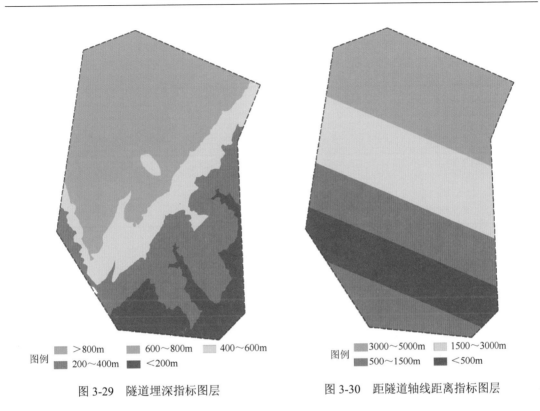

图例 [ ]>800m　[ ]600~800m　[ ]400~600m
　　　[ ]200~400m　[ ]<200m

图 3-29　隧道埋深指标图层

图例 [ ]3000~5000m　[ ]1500~3000m
　　　[ ]500~1500m　[ ]<500m

图 3-30　距隧道轴线距离指标图层

3. 综合评价

基于 3.1 节地下工程地质环境评价指标体系及利用专家打分表计算得出的指标权重,利用开发的"地下工程地质环境评价软件"对武隆隧道地质环境进行综合评价。量化及提取 3.1 节中的指标图层,导入"地下工程地质环境评价软件"中进行计算分析,最终得到武隆隧道地质环境评价图（图 3-31）。综合评价分值为 0.308~0.592。以第 2 章中的初步评价分级为标准,将武隆隧道地质环境负效应可分为 3 个等级,分别为较严重区、中等区、较轻区,各分区概况见表 3-16。

表 3-16　负效应综合评价分区概述

负效应分区	面积/km²	占评估区面积/%	概述
较严重区	3.68	14.0	负效应较严重区主要位于隧道轴线两侧 500m 范围内的嘉陵江组地层分布区,其次为隧道轴线以北的岩溶洼地区域
中等区	18.16	69.3	负效应中等区分布较广,主要为隧道轴线两侧 0.5km 以外的灰岩区及砂岩分布区
较轻区	4.37	16.7	负效应较轻区主要位于相对隔水的泥岩、页岩区,以及距隧道轴线距离大于 3.5km 以上的嘉陵江组灰岩区

3.3.3　武隆隧道地质环境评价调查验证

通过实地调查对武隆隧道地质环境评价分区结果进行对比验证,首先可以验证评价结果的合理性,其次通过地质环境负效应调查,建立地质环境负效应等级与地质环境负效应表现形式间的对应关系。本次野外验证调查共有 46 个调查点，其中井泉点 39 个，农田地貌点 7 个。

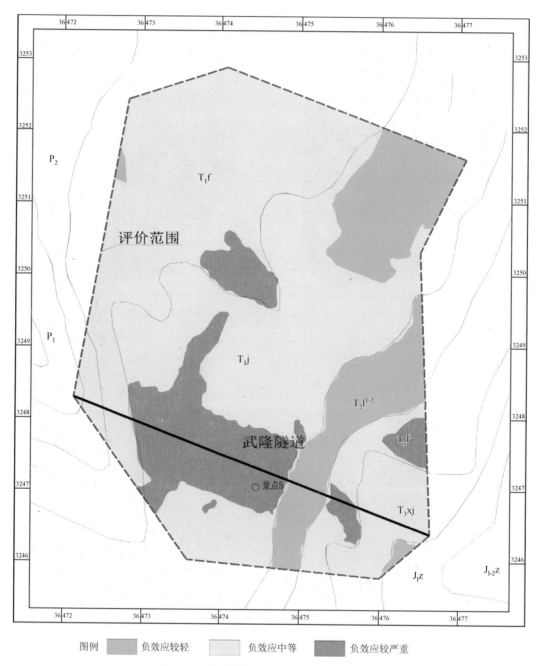

图 3-31　武隆隧道地质环境负效应综合评价

1. 负效应较严重区

该区内野外验证调查点共 16 个，其中井泉点 14 个，农田地貌点两个。代表性调查点分布情况见图 3-32、图 3-33。

泉眼干涸　　　　　　　　　　　　　　水井基本干枯

图 3-32　武隆隧道负效应严重区野外调查

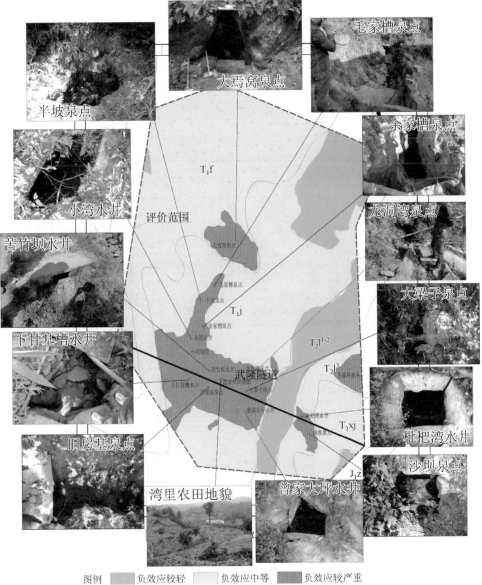

图 3-33　负效应严重区评价结果与实地调查对

较严重区均位于灰岩分布区，地质环境负效应表现形式主要为井泉水量减少，其次为农田水改旱。

（1）井泉水量减少现象较普遍，程度较严重，对当地居民生产生活影响最为直接，其中井泉大多表现为长期干涸或流量大幅度减少，虽然雨季流量相对较大，但是旱季接近无水或干涸，对周边群众的正常生产生活造成较大影响。

（2）区内人口密度较小，土地利用率不高，农田分布面积较小，且一直以旱生作物为主，水田大部分转为旱地。区内原始地貌及植被未受影响，对农田地貌的影响中等。

（3）区内均为可溶岩，但根据调查访问，未发现地面塌陷点。

综上所述，武隆隧道地质环境评价负效应较严重区与实地调查影响较严重区域较为吻合。

2. 负效应中等区

该区内野外验证调查点共 21 个，其中井泉点 18 个，农田地貌点 3 个。代表性调查点分布情况见图 3-34 和图 3-35。

水井水量减少　　　　　　　　　　　　　　　　　　泉眼水量减少

图 3-34　武隆隧道负效应严重区野外调查

中等区的分布区域最大，地质环境负效应表现形式主要为井泉水量减少，其次为农田水改旱。

（1）井泉水量减少较普遍，对当地居民的生产生活影响最为直接，但严重程度大多相对较轻，其中完全干涸和水量严重减少的井泉约占总调查点的 22%，主要集中在隧道轴线两侧 2km 范围内的灰岩区；水量变化不大的井泉占总调查点数的 17%，主要集中在距离隧道轴线较远的灰岩区和砂岩区；水量减少明显，但对当地居民未造成巨大影响的井泉占总调查点数的 61%。

（2）农田荒废现象相对较轻，区内土地利用率不高，以旱地为主，其次为林地和水田，水田大多出现蓄水困难等现象，已逐步改为旱地，农田荒废率较低，对原始植被和地貌景观影响较小。

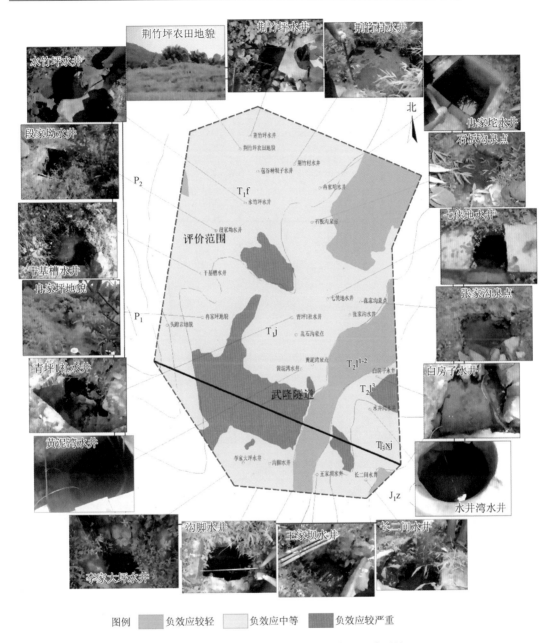

图例 ▨ 负效应较轻　□ 负效应中等　■ 负效应较严重

图 3-35　负效应中等区评价结果与实地调查对比

（3）根据对区内可溶岩区调查访问，未发现地面塌陷点。

综上所述，武隆隧道地质环境评价负效应中等区与实地调查影响中等区域较为吻合。

3. 负效应较轻区

该区内野外验证调查点共 9 个，其中井泉点 7 个，农田地貌点两个。代表性调查点分布情况见图 3-36。

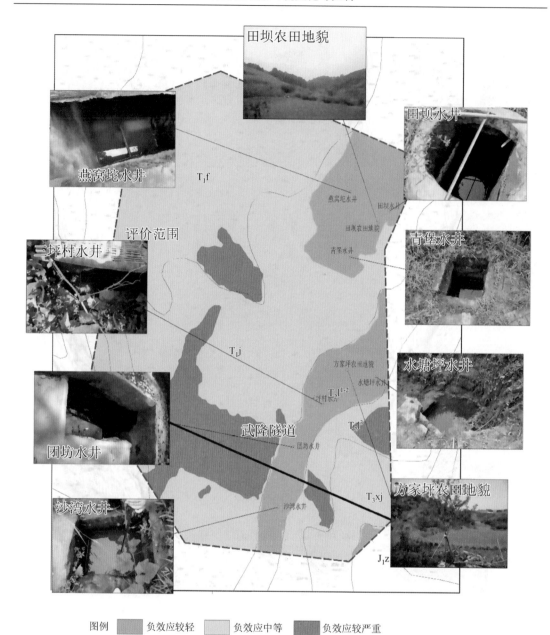

图例　▨ 负效应较轻　▧ 负效应中等　▨ 负效应较严重

图3-36　负效应较轻区评价结果与实地调查对比

　　地质环境负效应较轻区基本分布在泥岩、页岩区，此外还有距离隧道轴线较远的灰岩区，居民点分布较少，总体调查点较少。

　　（1）井泉：由于地层为相对隔水层，地下水富水性差，井泉点、地表水体均较少，其中井泉流量一般较小，受季节影响明显，多用于农田灌溉，利用人数少，据村民反映，隧道修建前后变化不大。

　　（2）农田地貌：负效应较轻区主要分为两个区域，一个为隧址区东北角距离隧道轴线较远的灰岩区，该区人口密度小，70%以上的面积为原始地貌，农田主要分布在沟脚处，以旱地为主,其次为水田;另一个为隧址区南侧泥岩分布区,行政区隶属三坪村,该区人口密度相对较高,土地利用均为旱地,据调查和访问,水田未出现明显漏水现象。该区域的土地利用方式在隧道修建前后无变化。

(3) 根据调查,区内未见地面塌陷现象,区内无常年地表径流和地表水体,多为季节性冲沟,隧道修建前后无明显变化。

综上所述,武隆隧道地质环境评价负效应较轻区与实地调查影响较轻的区域较为吻合。

第4章 隧道工程建设地下水环境负效应研究

4.1 水环境负效应及其特征

4.1.1 水环境负效应

环境负效应是指对人类或环境有害无利或者是弊大于利的环境效应。地下水环境负效应是指人类开发建设活动对环境产生的不利影响。过山隧道地下水环境负效应指因隧道工程穿越山体后，疏排水对地下水环境产生的不利影响，主要体现在以下几方面。

1. 隧道涌突水

涌突水是隧道施工和营运中面临的主要灾害之一，同时也是其他地下水环境负效应的主要诱因，其在岩溶地区表现尤为突出。

2. 区域地下水水位下降

由于超量开采或者隧道施工中过度排放地下水，工程所在区域地下水水位不断下降，并形成以工程为中心的地下水降落漏斗，严重时将导致水资源衰减甚至枯竭。

3. 地面沉降

因地下工程建设导致的地面沉降已屡见不鲜，地面沉降在世界各地都广受关注。然而，大量地面形变的监测资料表明，地面沉降的中心位置和沉降范围与地下水漏斗的中心位置及漏斗分布范围有较好的对应关系，由此说明地下水水位下降是引发地面沉降的关键因素之一。

4. 岩溶塌陷

大量研究表明，岩溶地区的隧道地表塌陷绝大多数是由隧道涌水、涌泥所致。涌水致使地下水水位急剧下降产生真空负压，而水流潜蚀冲蚀及涌泥沙又造成土颗粒不断流失，使上部岩溶洞穴中的充填土层失去上托力，上覆土层在自重应力、真空吸蚀等作用下，造成岩溶塌陷，其影响范围在地下水的降落漏斗之内。

5. 地下水污染

过量疏排地下水，必然造成水力梯度加大，包气带增厚、空隙介质冲蚀的加剧和降雨及地表水下渗补给的增强，从而导致水在地下净化时间的缩短和一系列化学反应的发生。当地表水受到污染或在包气带形成新污染物后，由于水的下渗速度过快，水质在短时间内得不到良好的净化，从而会污染含水层中的地下水。此外，洞内涌水也可能造成受纳水体的水质恶化。

6. 地表水源枯竭

隧道开挖后,由于其集水和汇水作用,地下水被不断排入隧道中,形成新的势汇,在隧址区上方形成降落漏斗,由此导致隧址区周围的泉眼和水井水量减少甚至干涸,造成生产生活用水困难。

7. 隧道工程结构腐蚀破坏

地下水中高浓度硫酸根离子在结晶溶解循环作用下造成混凝土腐蚀,高浓度氯离子则会破坏钢筋钝化膜,造成结构钢筋锈蚀。另外,空气中的 CO_2 溶于水时,会使隧道混凝土结构中的钙离子溶解,从而导致混凝土中性化和强度下降,降低和缩短隧道衬砌的承载能力和使用寿命。

4.1.2　地下水环境评价类别、等级与要求

1. 岩溶隧道工程地下水环境影响评价工程类别

根据《环境影响评价技术导则——地下水环境》(HJ 610—2016)(以下简称《技术导则》)中的要求,当岩溶山区隧道工程在含水层水位以下穿越时,隧道涌水势必对渗流场与地下水水位产生影响,因此隧道工程归属于 II 项目。在一些长大隧道的施工过程中,由于施工工期长,隧道施工过程中产生的风尘、注浆废水、石油等污染物若处理不当容易在隧道中累积,这会使岩溶地下水受到污染,因此建议将长度 10km 以上的岩溶隧道工程归属于 III 类项目。

2. 岩溶隧道工程地下水环境影响评价工作等级

根据《技术导则》中的规定,应对地下水水质产生污染的人工硬岩洞库加水幕系统等。长度大于 10km 的长大岩溶隧道工程属于 III 类项目,需进行一级评价。长度在 10km 以下的隧道工程属于 II 类项目,II 类地下水环评工程项目的工作等级需根据分级原则(表 4-1～表 4-8)进行划分。根据划分原则,岩溶隧道工程均属于一级或者二级评价项目。

表 4-1　地下水供水、排水(或注水)规模分级

分级	供水、排水(或注水)量/($10^4 m^3$/d)
大	≥1
中	0.2～1
小	≤0.2

表 4-2　地下水水位变化区域范围分级

分级	隧道与排泄基准面关系	同一水文地质单元内隧道底板高程以上排泄点与隧道距离/km
大	排泄基准面以下	—
	排泄基准面以上	≥1.5

续表

分级	隧道与排泄基准面关系	同一水文地质单元内隧道底板高程以上排泄点与隧道距离/km
中	排泄基准面以上	0.5～1.5
小	排泄基准面以上	≤0.5

表 4-3　地下水环境敏感程度分级

分级	项目场地的地下水环境敏感程度
敏感	集中式饮用水水源地（包括已建成的在用、备用、应急水源地，在建和规划的水源地）准保护区；除集中式饮用水水源地以外的国家或地方政府设定的与地下水环境相关的其他保护区，如热水、矿泉水、温泉等特殊地下水资源保护区，生态脆弱区重点保护区域，地质灾害易发区，重要湿地、水土流失重点防治区，沙化土地封禁保护区等
较敏感	集中式饮用水水源地（包括已建成的在用、备用、应急水源地，在建和规划的水源地）准保护区以外的补给径流区；特殊地下水资源（如矿泉水、温泉等）保护区以外的分布区，以及分散式居民饮用水水源等其他未列入上述敏感分级的环境敏感区
不敏感	上述地区之外的其他地区

表 4-4　环境水文地质问题分级

级别	可能造成的环境水文地质问题
强	产生地面沉降、地裂缝、岩溶塌陷、海水入侵、湿地退化、土地荒漠化等环境水文地质问题，含水层疏干现象明显，产生土壤盐渍化、沼泽化
中等	出现土壤盐渍化、沼泽化迹象
弱	无上述环境水文地质问题

表 4-5　Ⅱ类建设项目评价工作等级分级

评价等级	建设项目供水、排水（或注水）规模	建设项目引起的地下水水位变化区域范围	建设项目场地的地下水环境敏感程度	建设项目造成的环境水文地质问题大小
一级	小-大	小-大	敏感	弱-强
	中等	中等	较敏感	强
		大	较敏感	中等-强
	大	大	较敏感	弱-强
			不敏感	强
		中	较敏感	中等-强
		小	较敏感	强
二级	除了一级和三级以外的其他组合			
三级	小-中	小-中	较敏感-不敏感	弱-中

3. 岩溶隧道工程地下水环境影响评价技术要求

岩溶山区隧道工程地下水环境影响评价需要进行一级或者二级评价。《技术导则》对地下水环境影响一级与二级评价提出了明确要求。

　　1）一级评价要求

通过搜集资料和环境现状调查，了解区域内多年的地下水动态变化规律，详细掌握建设项目场地的环境水文地质条件（给出的环境水文地质资料的调查精度应大于或等于1∶1万）及评价区域的环境水文地质条件（给出的环境水文地质资料的调查精度应大于或等于1∶5万）、污染源状况、地下水开采利用现状与规划，查明各含水层之间以及与地表水之间的水力联系，同时掌握评价区内至少一个连续水文年的枯、平、丰水期的地下水动态变化特征；根据建设项目污染源特点及具体的环境水文地质条件有针对性地开展勘察试验，进行地下水环境现状评价；对地下水水质、水量采用数值法进行影响预测和评价，对环境水文地质问题进行定量或半定量的预测和评价，提出切实可行的环境保护措施。

　　2）二级评价要求

通过搜集资料和环境现状调查，了解区域内多年的地下水动态变化规律，基本掌握建设项目场地的环境水文地质条件（给出的环境水文地质资料的调查精度应大于或等于1∶1万）及评价区域的环境水文地质条件（给出的环境水文地质资料的调查精度应大于或等于1∶5万）、污染源状况、项目所在区域的地下水开采利用现状与规划，查明各含水层之间以及与地表水之间的水力联系，同时掌握评价区至少一个连续水文年的枯、丰水期的地下水动态变化特征；结合建设项目污染源特点及具体的环境水文地质条件有针对性地补充必要的勘察试验，进行地下水环境现状评价；对地下水水质、水量采用数值法或解析法进行影响预测和评价，对环境水文地质问题进行半定量或定性的分析和评价，提出切实可行的环境保护措施。

　　根据地下水环境影响评价技术要求，宜使用数值法和解析法进行影响预测和评价，并定性分析地下水环境变化可能引起的次生环境地质灾害。本书将介绍主要的预测、评价方法。

4.1.3　隧道施工涌水量预测

　　1. 大气降雨入渗法

　　该方法的关键技术是对入渗系数和集水面积的确定，多用在可行性研究或初测阶段。根据隧道通过地段的降水量、集水面积并考虑地形地貌、植被、地质和水文地质条件选取合适的降雨入渗系数经验值和集水面积，可宏观、概略预测隧道正常涌水量。计算公式如下：

$$Q_s = 2.74\alpha \cdot W \cdot A \qquad (4\text{-}1)$$

式中，Q_s 为隧道通过含水体的稳定涌水量（m^3/d）；α 为降雨入渗系数；W 为年均降水量（mm）；A 为隧道涌水点的集水面积（km^2）；2.74 为单位换算系数。

　　预测雨季隧道可能最大涌水量时可采用雨季最大降雨量进行计算。该方法适用于对岩溶山区包气带内的隧道涌水量进行计算。

　　降雨入渗系数根据区域水均衡方法确定，岩溶山区水文地质三水转化的均衡关系如图 4-1 所示。

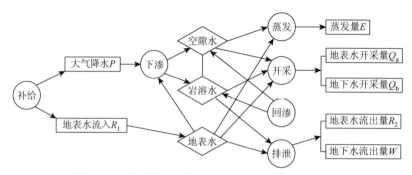

图 4-1　一般岩溶山区水文地质三水转化的均衡要素

根据三水转化的水均衡要素图，可以建立岩溶水文地质区水均衡方程：

$$P + R_1 - (E + Q_a + R_2 + W) = \Delta\omega \qquad (4-2)$$

同时，大气降雨入渗系数与地下水量有如下均衡关系：

$$\alpha \cdot P = Q_b + W + \Delta\omega \qquad (4-3)$$

式中，P 为大气降水量；R_1 为地表河流、溪沟水流入量；E 为蒸发量；Q_a 为地表水开采量；Q_b 为地下水开采量；R_2 为地表水流出量；W 为地下水流出量；$\Delta\omega$ 为均衡期内地下水储量的变化；α 为大气降雨入渗系数。

式（4-2）的左边参数均为调查工作中可以方便收集的数据，将式（4-2）、式（4-3）联立即可求解出某一岩溶区块的平均降雨入渗系数。

2. 地下水动力学法

地下水动力学法又称解析法，是根据地下水动力学原理，用数学解析的方法对给定边界值和初值条件下的地下水运动建立解析式，从而达到预测隧道涌水量的目的（图 4-2）。大量工程实践表明，地下水动力学法只有在求解处于饱水带中的、岩溶发育中等偏弱的隧道涌水量时才具有一定的精确度。表 4-6 为常用的岩溶隧道涌水量计算公式。

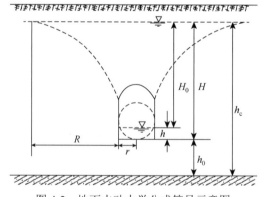

图 4-2　地下水动力学公式符号示意图

3. 数值模拟方法

由于目前地下水模拟软件在模拟岩溶强烈发育区的地下水渗流存在较大缺陷，因此需要建立一种适用于岩溶山区的水文地质数值模型。

表 4-6　涌水量计算方法具体公式说明

方法	公式	符号意义
大岛洋志公式	$Q_{\max}=\dfrac{2\pi mK(H-r)L}{\ln[4(H-r)/d]}$	$Q_{\max}$ 为预测隧道通过含水体的可能最大涌水量（m³/d）；
佐藤邦明公式	$Q_{\max}=\dfrac{2\pi mKH_0L}{\ln\left[\tan\dfrac{\pi(2H_0-r)}{4h_c}\cot\dfrac{\pi r}{4h_c}\right]}$　$Q_s=Q_{\max}-0.584\varepsilon\cdot K\cdot r$	Q_s 为预测隧道通过含水体的稳定涌水量（m³/d）；K 为岩体的渗透系数（m/d）；H 为含水层中原始静水位至隧道底板的垂直距离（m）；
落合敏郎公式	$Q_s=KL\left[\dfrac{H^2-h^2}{R-r}+\dfrac{\pi(H-h)}{\ln(4R/d)}\right]R=2S\sqrt{Kh_c}\,R=10S\sqrt{K}$	H_0 为原始静水位至洞身横截面等效圆中心的距离（m）；S 为地下水水位降深（m）；
裘布依理论公式	$Q_s=KL\dfrac{H^2-h^2}{R-r}$	h 为隧道内排水沟假设水深（m），根据经验取值 1m；h_c 为含水体厚度（m）；
吉林斯基公式	$Q_s=\dfrac{KHy(h_c-H)}{2R+0.733\ln[(2h_c-H)/d]+0.077}\,y=26.89K^{0.5709}$	h_0 为隧底至下伏隔水层的距离（m）；L 为隧道通过含水层的长度（m）；R 为隧道涌水影响半径（m）；
科斯加可夫公式	$Q_s=\dfrac{2\alpha KH_0L}{\ln R-\ln r}\,\alpha=\dfrac{\pi}{2}+\dfrac{H_0}{R}$	r 为隧道洞身横断面的等价圆半径（m）（单隧经验取值为 3.5m，双隧经验取值为 7m）；d 为隧道洞身横断面的等价圆直径（m），$d=2r$；
福希海默公式	$Q_s=\dfrac{524LK(h/d+i\cdot K)(h_c^2-h_0^2)}{R}$	ε 为试验系数，一般取值 12.8；m 为转换系数，一般取值 0.86；
铁路勘测规范经验公式	$Q_{\max}=(0.0255+1.9224KH)\cdot LQ_s=KLH(0.676-0.06K)$	i 为经验系数，一般取值 0.105

4. 层次分析–模糊数学方法

成都理工大学根据层次分析–模糊数学方法建立了西南山区岩溶隧道涌突水灾害危险性评价系统，通过该评价系统对岩溶山区隧道工程涌突水灾害的预测与实际灾害较符合。

该评价系统由岩石的可溶性（K_1）、地质构造因素（K_2）、地表汇水条件（K_3）、地下水化学特征（K_4）、隧道埋深与地下水水位的关系（K_5）这五项初步评价指标组成。根据隧址区的岩溶发育特征，初步考虑将隧道涌突水危险性划分为 5 个等级，其危险程度从高到低分别为极危险区、高危险区、中危险区、较危险区、低危险区，级别为Ⅴ、Ⅳ、Ⅲ、Ⅱ、Ⅰ。分值满分设置为 100 分，分值越高，灾害发生的危险性越高，划分的 5 个等级所对应的分值依次为＞77、62～77、38～62、23～38、＜23。

在计入权重条件下，隧道涌突水危险性综合评价指标 THK 的计算公式为
$$THK=5\times(0.25K_1+0.13K_2+0.16K_3+0.1K_4+0.36K_5) \tag{4-4}$$
其中，一级指标在二级指标的相互作用下的计算公式为
$$\begin{cases}K_1=0.75K_{11}+0.25K_{12}\\ K_2=K_{21}（断裂或褶皱构造条件）\\ 或K_2=0.72355K_{21}+0.1923K_{22}+0.0833K_{23}（单斜蓄水构造条件）\\ K_3=K_{31}（无二级指标）\\ K_4=K_{41}（无二级指标）\\ K_5=K_{51}（无二级指标）\end{cases} \tag{4-5}$$

建立的岩溶隧道涌突水灾害危险性评价系统如表 4-7 所示。使用该评价系统时，应将隧道根据评价指标的差异进行分段评价。

表 4-7　隧道岩溶涌突水灾害危险性等级评分标准

评价指标	岩石的可溶性（K_1）	岩石化学成分	CaCO₃ 质量分数/%	>75	50~75	25~50	5~25	0~5	构造岩带

评价指标	岩石的可溶性（K_1）	岩石化学成分	CaCO₃质量分数/%	>75	50~75	25~50	5~25	0~5	构造岩带
			岩石的定名	灰岩	白云质灰岩、泥质云灰岩	灰质白云岩、白云岩	泥质灰岩、泥质灰云岩	泥质白云岩	
			K_{11} 评分值	16~20	12~16	8~12	4~8	0~4	
			岩石结构	生物碎屑结构	泥晶结构	粒屑结构	亮晶结构	粗晶结构	
			K_{12} 评分值	16~20	12~16	8~12	4~8	0~4	
			K_1 评分	0.75K_{11}+0.25K_{12}					12~20
	地质构造（K_2）	断裂构造	导水断层	断裂破碎带宽度/m	>10	2~10	1~2	0.1~1	<0.1
				断裂影响带宽度/m	>50	20~50	10~20	5~10	1~5
				K_2 评分	17~20	14~17	10~14	6~10	0~6
			阻水断层	断裂破碎带宽度/m	>10	5~10	1~5	0.2~1	<0.2
				断裂影响带宽度/m	>50	20~50	10~20	5~10	1~5
				K_2 评分	14~17	10~14	6~10	4~6	0~4
		褶皱核部	褶皱形态	宽缓型褶皱		中缓型褶皱		紧闭型褶皱	
			岩层倾角	<30°		30°~60°		>60°	
			K_2 评分	0~10		10~16		16~20	
		单斜地层	岩层组合类型	厚层状裂隙-岩溶含水岩组	厚层脉状岩溶-裂隙含水岩组	夹层式层状-裂隙含水岩组	孔隙-裂隙岩溶含水岩组	
			K_{21} 评分	15~20	10~16	4~10	0~4	
			岩层厚度 d/m	巨厚层	厚层	中厚层	薄层	
				>1	0.5~1.0	0.1~0.5	<0.1	
			K_{22} 评分	8~12	6~10	2~6	0~2	
			岩层倾角	<30°	30°~45°	45°~60°	>60°	
			K_{23} 评分	14~20	10~14	6~10	0~6	
			K_2 评分	0.7235K_{21}+0.1932K_{22}+0.0833K_{23}				
	地表汇流条件（K_3）	地表出露封闭负地形的面积比例/%	70~100	50~70	25~50	10~25	0~10	
		K_3 评分	16~20	12~16	8~12	4~8	0~4	
		地表岩溶形态	封闭地形		开口沟谷切割		完整斜坡	
			峰丛-落水洞、峰林-洼地、溶蚀槽谷		溶蚀平原、缓坡台地	陡坡台地、槽谷、溶沟、溶丘		
		K_3 评分	16~20		12~16	8~12	0~8	
		地面坡度	<10°	20°~10°	30°~20°	45°~30°	>45°	
		K_3 评分	16~20	12~16	8~12	4~8	0~4	

	地下水循环运移特征（K_4）	SIC 值	<0	0～0.4	0.4～0.8	0.8～1.2	>1.2
评价指标		K_4 评分值	16～20	12～16	8～12	4～8	0～4
	隧道埋深与地下水水位的关系（K_5）	隧道所处循环带	垂直渗流带	交替带		水平径流带	深部循环带
		K_5 评分	0～6	6～12		14～18	8～12
		隧道参照地下水水位/m	地下水水位以上	地下水水位以下			
				0～50	50～100	100～200	>200
	K_5 评分	侵蚀基准面以上	0～2	2～8	8～14	14～18	18～20
		侵蚀基准面以下		14～18	16～20	12～16	8～12
等级划分	THK	计算	THK=5×（0.25K_1+0.13K_2+0.16K_3+0.1K_4+0.36K_5）				
		类别	危险度极高	危险度高	危险度中等	危险度较低	危险度低
		评分	>77	62～77	38～62	23～38	<23
		评级	V	IV	III	II	I

4.1.4 地下水影响范围预测

目前，用于预测计算排水渠和狭长坑道等线性建设项目的地下水水位变化影响半径（R）的计算公式见表 4-8。

表 4-8 隧道工程地下水影响半径常用计算公式一览表

计算公式		适用条件	备注
潜水	承压水		
$R = 2S\sqrt{HK}$	—	计算松散含水层井群或基坑矿山巷道抽水初期的 R 值	对直径很大的井群和单井算出的 R 值过大；计算矿坑基坑 R 值偏小
$R = 1.73\sqrt{\dfrac{KHt}{\mu}}$	—	含水层没有补给时，确定排水渠的影响宽度	得出近似的影响宽度值
$R = H\sqrt{\dfrac{K}{2W}\left[1-\exp\left(\dfrac{-6Wt}{\mu H}\right)\right]}$	—	含水层有大气降水补给时，确定排水渠的影响宽度	
—	$R = a\sqrt{at}$ $a=1.1\sim1.7$	确定承压含水层中狭长坑道的影响宽度	a 为系数，取决于抽水状态

式中，S 为水位降深（m）；H 为潜水含水层厚度（m）；R 为观测井井径（m）；K 为含水层渗透系数（m/d）；t 为由开始排水至稳定降深漏斗形成的时间（h）；μ 为重力给水度，无量纲；W 为降水补给强度（m/d）

当表 4-8 中的公式运用于含水介质较为均匀的含水层时，计算结果的可靠性较高，但若运用于岩溶含水介质时，计算结果通常会出现较大偏差。在预测岩溶地区拟建隧道工程地下水影响范围时，应在理论计算的基础上，结合地质和水文地质条件相似、开挖方法基本相同的已建隧道监测资料，来预测拟建隧道的影响范围。

4.1.5 岩溶山区水文地质数值模型

利用岩溶山区水文地质模拟可以对隧道工程产生的环境影响进行综合评价。由于岩溶导水介质的非均质性，传统的数值模拟方案在隧道工程局部难以达到较高的模拟精确度。因此建议使用分级块动态方法建立复杂岩溶山区空间多尺度地下水模型，以提高模拟精确度。

根据分级块动态方法的思路，岩溶山区水文地质多尺度模型应至少包括一个区域大尺度模型，根据具体实际应用情况，从大尺度模型中划分出相应的次级尺度子模型进行单独建模（图 4-3）。

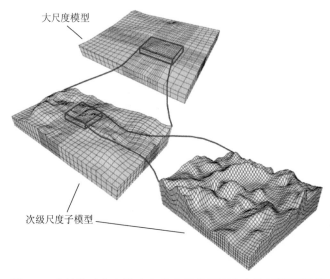

图 4-3　分级块动态方法建立的空间多尺度水文地质模型原理

1. 模型建立与概化

考虑到 MODFLOW 模块化的设计，在模拟岩溶水运动方面较其他软件有较多优势，因此选取 MODFLOW 作为本书对复杂岩溶山区空间多尺度地下模拟的软件。

1）岩溶含水、导水介质概化

模型中岩溶含水介质的概化主要以目前相对成熟的等效多孔介质模型为基础。将垂直入渗带概化为垂向渗透系数较大、给水度较大、孔隙度较大的各向异性介质，从而使模型中的垂直入渗带表现出地下水快速向下补给而自身储水量减少的特性。水平径流带中主要发育近水平、向排泄基准面延伸的岩溶管道、溶蚀裂隙，在模型建立时将其概化为渗透系数较大、水平渗透系数大于垂向渗透系数、给水度较大的单元。深部径流带中岩溶介质的空间规模均很小，地下水循环径流缓慢，其地下水运动较符合多孔介质的流动方程，因此可以将其概化为各向同性的渗透系数、给水度、孔隙度均较小的单元。在较小尺度的模型中可以将岩溶暗河管道介质用 MODFLOW 中的河流或溪流模块概化。

2）水文地质参数的确定

由于岩溶地区的地层结构与岩溶发育情况极为复杂，岩溶含水介质空间发育极不均匀，加之大规模的野外试验在条件复杂的岩溶山区难以展开，室内或野外试验的结果通常只能表征局部的含水介质特征，无法得到代表整个含水层渗透性能与储水性能的计算参数。因此，在模型建立时，需要根据岩溶区有限的试验数据，结合研究区岩溶发育情况与地下水补径排特征以及前人经验累积的数据，大致确定含水层的水文地质参数的初始值，参考经验参数设置上、下限，运用 MODFLOW 中的 PEST 模块优化模型参数。

降雨是模型中地下水的主要补给来源，对模型模拟准确性有重要影响。岩溶地区与非岩溶地区的降雨入渗条件有极大差别，因此应分区块、分单元使用 2.3 节和 2.4 节的方法确定模型中各单元区域的降雨入渗系数。

3）边界条件的确定

在岩溶地区大尺度模型中，必须将模型范围拓展至确定的固定边界以外，通过大尺度模型的预测与评价，对岩溶含水层变动边界的变化范围作出预测，以确定合适的次级尺度子模型的范围，以便对其展开进一步精确的模拟。

2. 模型校验

模型校验是为了检验数值模拟结果是否符合原始水文地质条件，只有数值模拟结果具有较高的仿真度，才能进行进一步的模拟预测评估。模型的校验主要有三种方式：渗流场拟合、水量拟合及水位拟合。

渗流场拟合是通过模拟结果对比前期水文地质条件调查的成果，要求模型结果在渗流场特征、各单元地下水资源量及地下水水位三个方面与实际情况相符。

4.1.6　岩溶地下水环境变化引起的次生地质灾害及预测评价

对隧道工程岩溶塌陷、沉降预测评价时应重点关注其发生的部位与时间。空间上，根据隧道工程岩溶塌陷、沉降形成的特点及其基本特征，塌陷、沉降易发生在岩溶发育较为强烈，地表有松散土层，同时地下水易受隧道涌水而形成疏干降落漏斗的区域。时间上，岩溶塌陷发生在隧道施工排水使地下水水位下降之后，直至发生在地下水新的动态达成之前，其间，突发性涌突水灾害发生后或强降雨过程都是岩溶塌陷灾害发生的高风险时段。

在预测灾害发生地点时应根据水文地质环境调查资料，分析潜在发生塌陷、沉降灾害的区域，并布设监测点。在预测灾害发生时间时可根据地下水数值模型预测灾害发生的时间段，并结合实时的监测数据对灾害的发生做出及时的预报、预警。

4.2　隧道地下水环境效应分析——以重庆市中梁山华岩隧道为例

4.2.1　华岩隧道水文地质条件概况

1. 工程概况

华岩隧道横穿中梁山山脉，设计为分离式双洞，左线长 4490m，右线长 4510m，最大埋深约 348m，属深埋特长隧道；洞身平面呈直线型，洞轴线走向约 88°。分离洞相距约 30m。隧道开挖洞宽 13.5m，高 9m。隧址区属构造剥蚀脊状低山地貌，地形相对高差达 420m；由于存在中梁山煤矿，线路在矿区范围内存在大面积采空区；隧址区碳酸岩溶水及碎屑岩裂隙水发育，岩土种类多，存在软岩及断层破碎带等，场地复杂程度为复杂。华岩隧道周边已修建多条穿越中梁山山脉隧道，华岩隧道线路北侧约 8.3km 为成渝高速中梁山隧道，南侧 4.85km 为华福隧道。

2. 自然地理

华岩隧道位于四川盆地的东南部，属嘉陵江、长江侵蚀河谷发育的低山丘陵地区。地理坐标为 106°22′E～106°24′E，29°26′N～29°27′N。中梁山山脉呈北北东向展布。受控于地质构造和地层岩性，山脉走向与构造线方向一致，形成笔架型的岭谷景观，海拔为 480～640m，山岭两侧的宽阔丘陵谷地海拔一般为 260～480m。

隧址区属于亚热带温湿季风气候，夏季炎热，秋季多绵雨，常年平均气温为 18.1℃，极端最高气温为 42.2℃，极端最低气温为−2.5℃，1 月平均气温最低，为 7.9℃。常年平均降雨量为 1185mm，降雨集中在 5～9 月，占全年降雨量的 69%。平均蒸发量为 1138.6mm。多年平均雾日为 30～40 天，最多年雾日为 148 天。多年平均相对湿度为 80%，绝对湿度为 17.6mbar。年主导风向为北风，平均风速为 1.1m/s，最大风速为 28.4m/s。区内地形起伏大，立体小气候较为明显，从谷地到山脊随高程而变，日照时间逐渐减少。

3. 区域水文地质

中梁山为本区最高山岳，南北向延伸，分别在小南海及北碚附近被长江及嘉陵江横切。由于含水层与隔水层相间分布，本区地下水沿岩层走向（南北方向）分别向长江和嘉陵江排泄。由于东西方向径流条件差，含水层间水力联系不明显，因而本区泉水露头多在山顶含水层受侵蚀较强烈的低凹处呈带状出露，两侧山坡脚露头少见。拟建隧道位于中梁山南部，自东向西横穿中梁山背斜，本区地下水补给来源主要为大气降水，含水层多为易溶蚀的碳酸盐岩，地表多成槽谷凹地，岩溶发育。由于岩层倾角较陡，含水岩层多暴露于地表，直接接受大气降水及地表水的补给。

中梁山观音峡背斜两翼斜坡第四系覆盖层少，槽谷区覆盖严重，但覆盖层厚度小。槽谷地区分布碳酸盐岩，背斜两翼分布砂、泥岩互层的陆相碎屑岩；测区岩性可分为碳酸盐岩、碎屑岩与松散碎屑堆积三大类。碳酸盐岩包括灰岩、白云岩、角砾状灰岩、泥灰岩等，它们在构造变动、地貌发育过程中，岩溶作用强烈，溶蚀空隙发育，岩溶地下水丰富。碎屑岩类包括砂岩、泥岩，其地下水类型又可分为碎屑岩孔隙、裂隙层间水和基岩裂隙水两大类；须家河组砂岩主要为碎屑岩孔隙、裂隙层间水；侏罗系是以泥岩为主夹不稳定砂岩透镜体的基岩裂隙水，又称为"红层地下水"；松散堆积层局限于第四系，岩性复杂，普遍具多孔性，地下水类型为松散堆积层孔隙水。

中梁山南部隧道地区的区域地表水系属长江水系，由长江及其支流构成。隧址区内基本无常年性河流。但观音峡背斜两侧发育多条近东西走向的无名冲沟，旱季无水，雨季可成溪流，溪水多通过溪沟汇入周边水库及长江各支流。

4. 地形地貌

本区地貌的发育受构造和岩性的控制明显，地势西高东低，属四川盆地东部平行岭谷区，背斜成山，向斜成谷，山高谷深，岭谷相间。中梁山为狭窄的条状山脉，向北北东向延伸，与地质构造线方向一致，海拔为 300～700m，顶部常见一山二岭或一山三岭，间以石灰岩槽状谷地。根据地貌特征本区地貌又可分为 5 段：进洞口丘陵区、东麓低山区、岩溶槽谷区、西麓低山区、出洞口丘陵区。本次野外调查主要集中在岩溶槽谷区。岩溶槽谷区地貌上具有比较明显的"两槽一脊"的特征,岩溶对称发育,岩溶槽谷区可进一步分为东侧槽谷区和西侧槽谷区。

5.地质构造

本区大地构造单元属扬子准地台四川台拗的川东南弧形构造华蓥山帚状褶皱束的观音峡背斜南段,构造形迹向北北东向展布。背斜轴部区域常伴生断裂,走向与褶皱轴向大致相同。根据区域地质资料,本区新构造运动有间歇性不均匀抬升与相对稳定的性质。

隧道区构造骨架形成于燕山期晚期的褶皱运动。构造线多呈 NNE-SSW 向,区内大型断层少;节理(裂隙)的出现与构造运动密切相关,走向 NEE-SWW 和走向 NW-SE 两组节理较为发育。观音峡背斜北起大田坎,经白庙子、新店子、中梁山,南止于长江,为一条狭长的不对称梳状扭转背斜,二叠系长兴组上段灰岩组成背斜轴,须家河组砂、泥岩组成背斜两翼,地势陡峭,修建的石板隧道近东西向穿越观音峡背斜,该背斜是线路穿越的主要构造。

4.2.2　华岩隧道数值分析模型建立

1.地下水类型及水文地质单元划分

1)水文地质单元划分

华岩隧道(石板隧道)所在的中梁山山脉横向上被地形切割,纵向上被长江、嘉陵江及其支流切割。受观音峡背斜的影响,纵向上地下水向南北两端径流。根据水文地质资料和现场水文地质调查,在线路以北约 4.5km 的白市驿镇、狮子岩、重庆市东站一带,地表水开始南北分流。在这一带观音峡背斜轴部龙潭地层开始向南北两个方向倾没。结合临近隧道的水文地质工作成果,综合分析确定这一带为水文地质单元小区分水岭。

地下水分水岭与地表分水岭基本一致,地下水呈条带状分布于背斜轴部,本线路区地下水由北向南作纵向径流和排泄,线路区内的地下水主要排泄到长江。

2)含水层

根据各含水岩体在空间上的组合关系、地下水的赋存特征、地下水的水动力特征及其对工程的影响,线路区可划分为碳酸盐岩类($T_2l+T_1j+T_1f+P_2c$)含水层和碎屑岩类(T_3xj)含水层。

碳酸盐岩类含水层由嘉陵江组、雷口坡组、飞仙关组、长兴组灰岩、白云质灰岩、白云岩夹角砾状灰岩等组成,厚度大,分布于观音峡背斜轴部,属中等富水性弱透水性岩溶裂隙含水层。隧址内可见的岩溶形态有漏斗、落水洞、溶洞洼地、溶孔、溶隙等。岩溶发育受可溶岩纯度控制。嘉陵江组的中上部、飞仙关组第三段岩性较纯,洼地、落水洞、暗河、溶洞分布最多。华岩隧道线路区东西发育有高位岩溶槽谷,其主要由嘉陵江组及飞仙关组第三段组成,褶皱顶部发育的纵张裂隙和陡倾的岩层面有利于地下水及地表水的汇聚循环,有利于岩溶发育。地形的切割和沟谷的发育影响了水循环的路径及岩溶的发育强度。调查显示,槽谷区上的大气降雨经落水洞向坡脚的水平溶洞排泄;隧道线路区的深部地下水总体做纵向运动并向长江排泄,在东翼冲沟地带有岩溶大泉越流补给,并经须家河组砂岩向长江排泄。

岩溶地下水动力特点表现为垂直渗入带地下水循环交替强烈，岩溶十分发育，形成了以漏斗、洼地、落水洞等为主的岩溶形态。隧道穿越时水量不大。水平径流带地下水交替循环较强烈，岩溶发育，以水平溶洞、暗河大泉为主要表现形式。水平分带上的浅部地下水具有排泄基准面高、排泄分散、径流途径短、流速快、溶蚀能力强等特点；深部岩溶水具有统一的排泄面、排泄点集中、径流途经长、流速慢、溶蚀能力弱等特点。线路穿越时会有较大的管道涌水，特别是穿越含水层与隔水层交界带时，会有突泥突水发生。深部循环带也称岩溶裂隙水带，位于水平循环带以下，岩溶形态以溶隙、溶孔为主，其下限往往发育很深，发育标高在 160m 以下；深部循环带内地下水循环迟缓，交替减弱。水平分带上的地下水具有排泄基准面高、排泄分散、径流途径短、流速快、溶蚀能力强等特点；深部岩溶水具有统一的排泄面、排泄点集中、径流途经长、流速慢、溶蚀能力弱等特点；线路区浅部岩溶与深部岩溶的水力联系弱。

碎屑岩含水层由须家河组中~厚层砂岩组成，呈条带状展布于陡崖及陡倾的斜坡地带。其含水性和裂隙发育成正比，随着深度的增加，裂隙发育减弱，含水性也减弱。虽然其分布在陡峻的斜坡地带，地表排泄良好，入渗较差，但碎屑岩出露面积广泛，岩层的张裂隙发育，有助于大气降雨的入渗，总体含水性中等。

3）相对隔水层

相对隔水层主要为侏罗系各组地层、须家河组地层以及飞仙关组地层。侏罗系各组地层以紫红色泥岩为主，夹薄层砂岩，渗透性小，富水性贫乏，为相对隔水层；须家河组隔水层为该组一段、三段，以页岩、碳质页岩、泥岩为主夹薄层、粉砂岩，隔水性能良好；飞仙关组隔水层为该组二段、四段，以泥岩为主，夹泥质灰岩、钙质页岩，隔水性能良好。

4）水文地质参数

根据华岩隧道工程地质勘查资料并参考收集的相邻隧道的水文参数及地区经验，推荐使用的水文地质参数如表 4-9 所示。

表 4-9　推荐采用的各岩性层渗透系数

地层	T_3xj	$T_1j—T_2l$	T_1f 灰岩	P_2c 灰岩
渗透系数/（m/d）	0.07	0.25	0.19	0.25

2. 水文地质概化模型

水文地质分析模型尺度可划分为大尺度模型、次级尺度模型。大尺度模型区域一般指一个流域水系、盆地或规模较大的地下水系统，范围一般达上千平方千米。次级尺度模型是在大尺度模型的基础上建立起来的子模型，其模拟范围主要是根据大尺度模型预测结果确定，是针对大尺度模型中重要敏感部位的进一步精细模拟。在本书模拟华岩隧道的修建对周边地下水环境影响时，由于华岩隧道横穿中梁山脉，地质条件较为复杂，属于地下水环境敏感区域，因此选用次级尺度模型建立华岩隧道水文地质分析模型，模型包含整个华岩隧道工程及至少一个水文地质单元，华岩隧道水文地质分析模型区域为图 4-4 中的红色虚线区域。

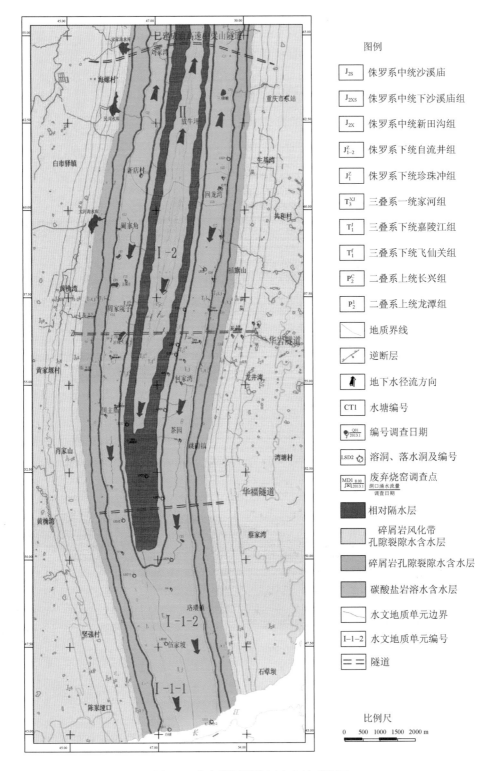

图 4-4　华岩隧道隧址区水文地质简图

华岩隧道横穿中梁山脉，由华岩隧道地质剖面图可知华岩隧道穿越的地层有砂岩地层、泥岩地层、灰岩地层等（图 4-5），线路还通过中梁山煤矿采空区，地质条件复杂。华岩隧道地区的含水岩组可划分为三个部分：孔隙水地层、裂隙水地层和岩溶水地层。调查结果显示区下三叠统嘉陵江组和雷口坡组地层为垂直入渗带，具有降雨补给量大、垂向渗透系数大、给水度大等特点。结合调查结果和水文地质分析，将隧址区含水层概化为各向异性多孔介质模型。

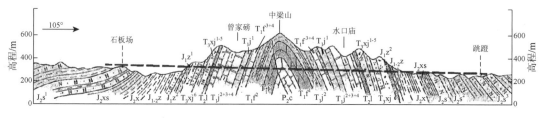

图 4-5　华岩隧道地质剖面

3. 华岩隧道数值模型建立

对华岩隧道区域地形地层建立分析模型，将下三叠统嘉陵江组和中三叠统雷口坡组在模型中作为主要含水层。而将山体东、西两侧的上三叠统须家河组作为弱透水层，其厚度较大，地下水活动性相对较差，地下水有向东西两侧山脊下运动的水动力条件。但鉴于其渗透能力较低，模型以低渗透层位处理；侏罗系地层（$J_1z+J_{1-2}zl+J_2x$）因具低渗透性故可作为隔水层。根据区域水文地质资料、现场调查确定华岩隧道所在的水文地质单元为分析模型区域。模型长（沿中梁山走向）为 16km，宽（隧道两侧）为 4.6km，底部高程为 0m，划分的单元格为 320×114×14 个（图 4-6）。

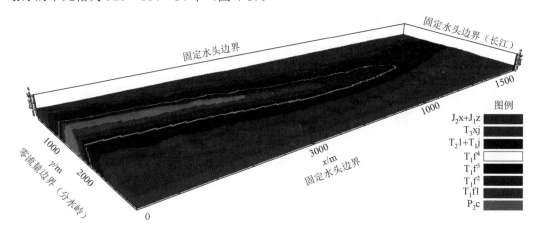

图 4-6　Modflow 三维数值模型分析

模型上部为开放边界，为降雨入渗补给，入渗补给量可根据该地区的年平均降雨量和水文地质条件对模型进行分区赋值，年均降雨量为 1082mm；模型底部为隔水边界；侧边界根据水文地质条件确定，模型的南侧为长江，设置为固定水头边界；模型北侧为分水岭，设置为零流量边界。

除将边界条件作为排泄口外，区中另有中梁山煤矿和华福隧道两处排泄口，两者的涌水量根据收集资料可知：华福隧道排水量为 8000m³/d，中梁山煤矿矿井平硐涌水量共计为 110m³/h。在分析模型时均以 Drain 模块来模拟。

按不同地质地层赋不同的渗流参数，参考勘察报告及区域水文地质资料的作为初始值。并按照平面上出露的岩性分布及地表地形进行分区赋值。给水度近似等于空隙裂隙度，根据地区经验将孔隙度作为储水系数。通过对华福隧道实测排水情况反算得到的综合水力传导系数为 0.02m/d，将其作为本次华岩隧道综合水力传导系数，模型各个地层选取渗透系数见表 4-10。

表 4-10　模型各个地层选取渗透系数表

地层	K_x/（m/d）	K_y/（m/d）	K_z/（m/d）	S_s	S_y	有效孔隙	总孔隙	降雨补给
J	0.017	0.017	0.017	0.0004	0.015	0.034	0.034	100
T₃xj	0.072	0.052	0.072	0.0011	0.023	0.051	0.051	100
T₁j，T₂l	0.255	0.181	0.178	0.0023	0.141	0.196	0.196	900
T₁f²，T₁f⁴	0.011	0.011	0.011	0.0002	0.011	0.025	0.025	100
T₁f¹，T₁f³	0.193	0.171	0.115	0.0021	0.107	0.117	0.117	150
P₂c	0.261	0.237	0.163	0.0023	0.136	0.180	0.180	200

以 Drian 模块模拟隧道开挖排水。隧道综合水力传导系数为隧道与地下水系数之间的水头损失，反映了隧道施工衬砌、注浆等措施对地下水的堵水能力。目前还未有普遍用于计算综合水力传导系数的公式和详细资料，通常用水流的测量值和水头差来反算综合水力传导系数。

$$Q=C(H-H_s) \tag{4-6}$$

式中，Q 为隧道排出水量；C 为隧道综合水力传导系数；H 为隧道所承受的孔隙水压值，H_s 为隧道高程。

通过对华福隧道实测排水情况进行反算得到的综合水力传导系数为 0.02m/d，本书以该传导系数为依据选取相关隧道综合水力传导系数进行模拟分析。

4. 华岩隧道模型识别及参数率定

以地形高度为初始水位值进行稳定流计算，通过水文地质参数调试，进行地下水水位、补给排泄量拟合，得到区域地下水原始渗流场，如图 4-7 所示。从图中可以看出，地下水水位北高南低，中部水位高两翼水位低，大致与地形起伏一致，水头值普遍较地面高程低。高程较高的北侧槽谷区水位较高，最高水位约为 405m；水位面最低处位于南侧长江排泄区及其支流区，最低水位约为 180m。区域地下水主要向长江和中梁山两侧排泄。受东西两侧的侏罗系地层及上三叠统须家河组低渗透率影响，槽谷内水位隆高，这与实际调查结果较为吻合。

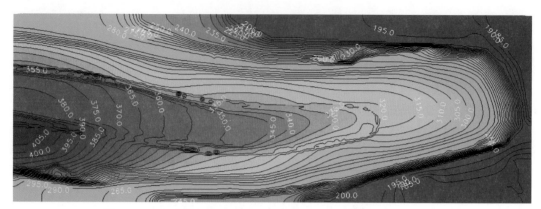

图 4-7　初始状态地下水渗流场（未修建华福隧道及中梁山南矿）

4.2.3　既有隧道条件下拟建隧道地下水渗流场

1. 初始水位

考虑到修建的华岩隧道南侧已建华福隧道（2004 年施工完成）和对再建隧道对水环境的二次影响，在华岩隧道水文地质分析模型中，先对华福隧道建模。计算华福隧道修建 10 年后的与未修建华岩隧道前的初始地下水水位，结果如图 4-8 所示。从图中可以看出，初始地下水环境受到华福隧道的影响，在华福隧道轴线附近已形成降落漏斗，该地下水降落漏斗半径为 1.5km，对距华福隧道较远的区域影响小。

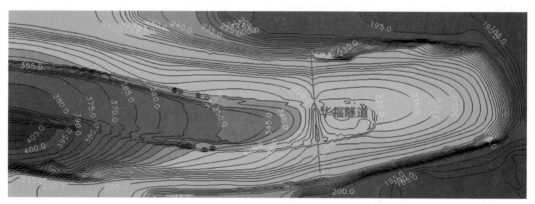

图 4-8　已建华福隧道的初始地下水水位（未建华岩隧道）

2. 动态分析

修建的华岩隧道在华福隧道北侧（左侧）4.85km 处，计划施工时间为 3 年，施工期排水流量为 13800m³/d，施工期设置隧道综合水力传导系数为 0.25m/d；隧道修建完成后，仍有排水，此时设置的隧道综合水力传导系数为 0.05m/d，分析隧道修建完工后，地下水水位随时间的变化规律。

图 4-9 为华岩隧道完工时，以及完工后 0.5 年、1 年、2 年、3 年、5 年隧址区地下水水位随时间变化情况。从图中可以看出，华岩隧道修建完成时，在华岩隧道轴线附近地下水水位明显下降，地下水最大水位降深约为 20m，形成降落漏斗，地下水输降范围约为轴

线两侧 0.5km。已建华福隧道离拟建隧道较远，虽对该区地下水水位有影响，但影响区域仅在 1.5km 内，对拟建隧道的干扰较小。华岩隧道完工后，随着时间的推移，隧道轴线附近地下水水位有所上升，从 340m 上升至 348m；而隧道轴线 250m 外区域地下水水位继续下降，输降范围逐渐扩大，到隧道完工后 5 年地下水输降范围约为隧道轴线两侧 2.5km。与初始渗流对比发现，华岩隧道区域地下水下降，形成降落漏斗。

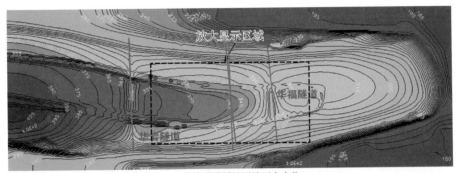

(a) 华岩隧道隧址区地下水水位

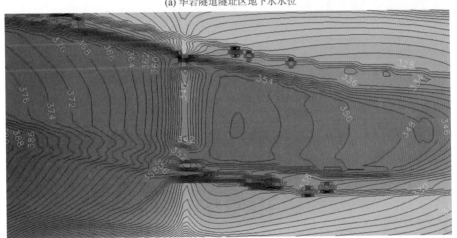

(b) 华岩隧道修建完工时

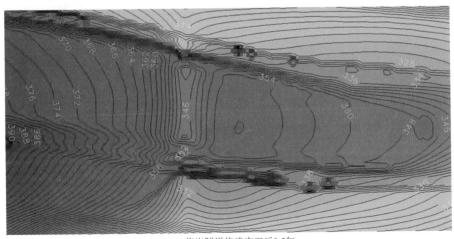

(c) 华岩隧道修建完工后0.5年

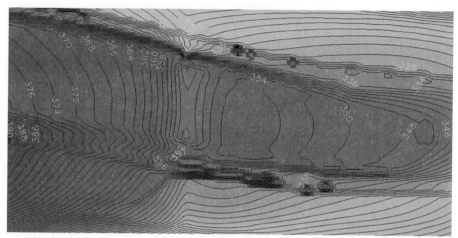

(d) 华岩隧道修建完工后1年

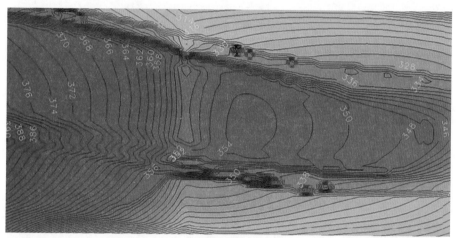

(e) 华岩隧道修建完工后2年

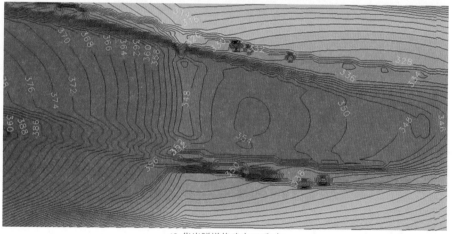

(f) 华岩隧道修建完工后3年

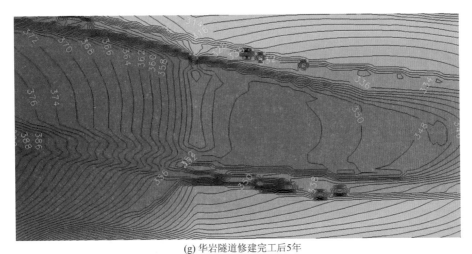

(g) 华岩隧道修建完工后5年

图 4-9　华岩隧道地下水水位随时间变化的关系

3. 隧道排水量分析

华岩隧道地下水分析分为两个过程：隧道施工过程和隧道施工完成后。隧道大量涌水主要集中在隧道施工期，隧道完工后隧道涌水量急剧下降。华岩隧道施工期地下水排水量为 13800m³/d，图 4-10 为华岩隧道排水量随着时间变化的关系图，从图 4-10 可以看出，在 0.5 年内华岩隧道排水量急剧减小，从排水量 13800m³/d 降至 6000m³/d；随后华岩隧道排水量逐渐减小并趋于稳定，稳定排水量为 4800m³/d。

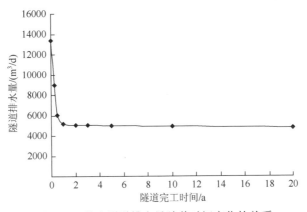

图 4-10　华岩隧道排水量随着时间变化的关系

4.2.4　临近采矿下修建隧道地下水渗流场

1. 初始水位

考虑到中梁山煤矿南矿采空区距离修建的华岩隧道较近，为研究临近采矿条件下对隧址区地下水渗流场的交叉影响，在华岩隧道水文地质分析模型中，仅对中梁山煤矿南矿建模。通过对华岩隧道临近存在中梁山煤矿南矿条件下的初始地下水水位，与未形成中梁山南矿采空区时的初始地下水水位图对比可知，采空区附近的地下水水位降低，其他区域无变化，与实际相符。

2. 动态分析

图 4-11 为华岩隧道完工时，以及完工后 0.5 年、1 年、2 年、3 年、5 年隧址区地下水水位变化情况。由于受临近中梁山煤矿南矿影响，华岩隧道修建后形成的地下水降落漏斗较大，地下水输降范围较广。隧道修建完工时，华岩隧道轴线附近地下水下降严重，最大水位降深约为 25m。地下水输降范围约为 1.5km。随着时间的推移，隧道轴线附近地下水水位有所上升，从 334m 上升至 342m；地下水输降范围逐渐扩大，到隧道完工后 5 年地下水输降范围约为隧道轴线两侧 3km。临近采矿对拟建隧道地下水影响较为严重。

(a) 华岩隧道隧址区地下水水位

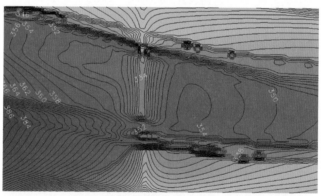

(b) 华岩隧道修建完工时

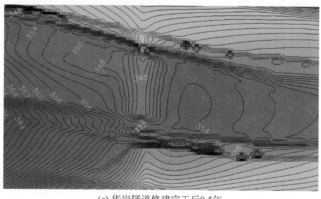

(c) 华岩隧道修建完工后0.5年

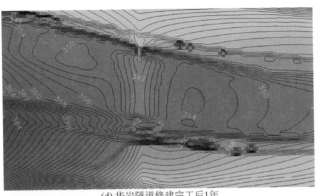

(d) 华岩隧道修建完工后1年

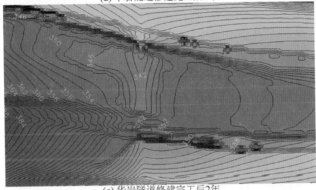

(e) 华岩隧道修建完工后2年

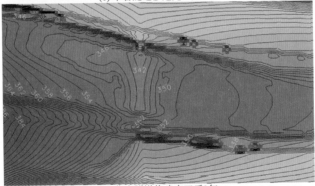

(f) 华岩隧道修建完工后3年

(g) 华岩隧道修建完工后5年

图 4-11　华岩隧道地下水水位动态变化情况

3. 隧道排水量分析

隧道修建后，地下水主要在隧道衬砌处汇集，最终在隧道洞口排出。图 4-12 为华岩隧道排水量随时间变化关系图，在隧道修建完成后，隧道排水量从 12690m³/d 急剧减少到 4900m³/d，之后，排水量趋于稳定，约为 4300m³/d。由此可知，以导水系数调整模拟隧道衬砌防水作用的发挥，隧道排水量急剧减小。

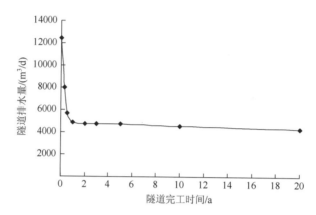

图 4-12　华岩隧道排水量随时间变化关系

4.2.5　华岩隧道地下水预测分析

1. 初始水位

按照实际情况，将华福隧道和中梁山煤矿南矿同时考虑到水文地质分析模型中，研究分析复杂周边情况下华岩隧道的地下水环境变化规律。图 4-13 为华岩隧道修建前的初始地下水水位。华福隧道轴线附近和中梁山煤矿南矿附近都存在不同程度的地下水下降，模型能较真实地反映隧址区初始地下水水位情况。

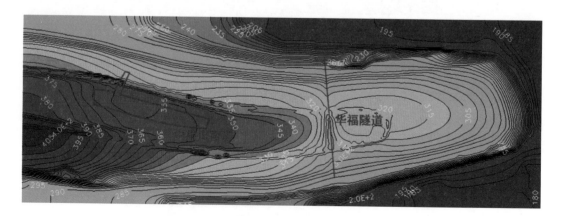

图 4-13　华岩隧道修建前的初始地下水水位

2. 动态分析

图 4-14 反映华岩隧道修建完工时，以及完工后 5 年时隧址区地下水水位情况。由图可见，华岩隧道修建后对该区地下水造成破坏，隧址区地下水水位下降。隧道修建完工时，最大水位降深发生在隧道轴线附近，约为 25m，此时地下水输降范围约为 1.5km。隧道完工后 5 年，最大水位降深约为 15m，此时地下水输降范围约为 3km。分析结果表明：较远的华福隧道对华岩隧道地下水影响小，而临近的中梁山煤矿南矿对其影响大，与 2.4 节、2.5 节中分析单独的采矿区、既有隧道对华岩隧道的影响是一致的。在中梁山南矿与华福隧道的交叉影响下，叠加效果明显，这导致华岩隧道隧址区地下水输降范围更广。

(a) 华岩隧道修建完工时

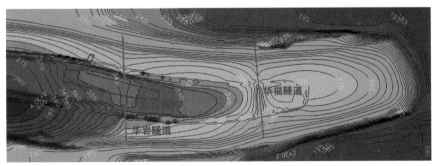

(b) 华岩隧道修建完工后5年

图 4-14　华岩隧道隧址区地下水水位情况

4.2.6　隧道地下水降落漏斗演化规律

本书以华岩隧道为例，对以下三种工况条件下隧址区地下水环境影响进行分析：①临近采矿工况条件；②较远既有隧道工况条件；③临近采矿和既有隧道工况条件。已建华福隧道地下水影响范围为其隧道轴线两侧 1.5km，华岩隧道地下水影响范围为隧道轴线两侧 3km，两隧道相距 4.85km，两条隧道不存在对地下水有叠加影响区域。根据本次数值分析和第 2 章调查结果可知，当两隧道轴线相距较远，超过 6km 以上时，可初步认为隧道对地下水环境影响不存在叠加。当拟建隧的道影响范围内存在已建地下工程时，地下水环境因叠加而造成的对隧址区地下水的影响较为严重。

由以上研究可得出华岩隧道横剖面地下水降落漏斗时间演化图，如图 4-15 所示。从图中可知隧道修建完工时至完工后 10 年的降落漏斗演化规律：隧道施工完成时，地下水水位最大输降约为 25m，即形成的降落漏斗半径为 1.5km。到隧道完工后 10 年内，在隧道轴线正上方两侧约 250m 范围内，地下水水位从隧道施工完成时的 340m 逐渐上升至 450m；而隧道轴线两侧 250m 外的区域地下水水位则会继续下降直到稳定，轴线两侧 250m 至 2km 区域内，地下水约平均下降 5m，2～3km 区域内地下水有轻微下降，这使得地下水降落漏斗逐渐扩大。

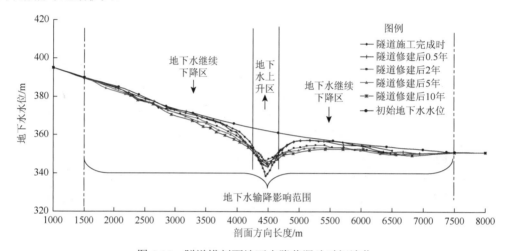

图 4-15　隧道横剖面地下水降落漏斗时间演化

隧道施工过程中若未采取较为有效的堵水措施时，排水量增大，会导致隧道附近区域地下水输降严重，较远区域地下水会通过含水层向隧道附近区域补给。由于隧道排水大，施工期较短时期内补给缓慢，故地下水水力梯度较大，便形成了范围小、深度大的降落漏斗。隧道施工完成后，排水量减小，地下水水力梯度仍较大，较远区域地下水继续向隧道附近区域补给，该补给流量超过隧道排水量，使得隧道附近区域（轴线两侧约 250m 范围内）地下水水位回升，而较远区域（轴线两侧 250m 外）地下水水位继续下降，最终形成范围大、深度小的降落漏斗。

通过对华岩隧道水文地质分析，对其水文地质单元进行概化，分别对既有隧道条件下和临近采矿影响条件下的华岩隧道地下水渗流场，以及对两者均考虑情况下的华岩隧道隧址区渗流场建模，得到以下计算结果。

（1）临近采矿条件下，华岩隧道地下水最大疏降为 25m，影响范围为 3km。既有隧道条件下，华岩隧道地下水最大疏降为 20m，影响范围为 2.5km。在两者均考虑情况下，由于华福隧道较远，对华岩隧道隧址区不存在叠加效应，地下水最大疏降为 25m，影响范围为 3km，主要受华岩隧道和采矿区叠加影响。

（2）隧道排水主要集中在施工期，隧道修建完成后的 0.5 年内，排水量急剧减小，并逐渐趋于稳定，但隧道排水对隧址区地下水环境的影响将持续进行。

（3）隧道施工完成时，形成深为 25m、半径为 1.5km 的降落漏斗；随后隧道轴线两侧约 250m 范围内地下水逐渐上升，0.25～3km 区域地下水水位继续下降，地下水降落漏斗逐渐扩大。

对以上结果分析，可以得到隧道地下水环境规律如下：①过山隧道穿越含水层时，将导致隧址区地下水水位下降，形成地下水降落漏斗。降水漏斗可划分为地下水回升区、地下水继续下降区，回升区为隧道轴线两侧约 250m 范围内，下降区为隧道轴线 250m 至影响区边界（约为隧道轴线两侧 3km）。②隧道通过已有地下空间时，地下水环境受已在地下空间叠加影响，对隧道地下水环境影响严重。③当两隧道轴线相距较远，且超过 6km 时，可初步认为隧道对地下水环境的叠加影响不存在。

4.3　隧道地下水环境效应特征

4.3.1　隧道水文地质模式

通过对重庆市过山隧道水文地质特征分析，归纳出了具有典型代表性的重庆市过山隧道水文地质分析模型：①单斜构造水文地质模型；②川东隔挡式构造水文地质模型。本书借助 Visual Modflow 软件，采用稳定流、非稳定流（渐变流）分别模拟隧道在施工完成时、运营期时随时间演变的地下水两种不同运动模式。渐变流是与时间有关的非稳定流，选用渐变流地下水运动模式分析运营期阶段的隧址区地下水在时间效应下的演变规律，更能体现实际工程中地下水状态。

1. 单斜构造水文地质模式

重庆市过山隧道除修建于主城"四山"隔挡式构造山外，渝东南、渝东北及其他一些地区也修建有大量的公路铁路隧道，这些隧道不具有统一的水文地质特征，其水文地质特征各异。根据调查可知，由于河流侵蚀、褶皱倒转等地质作用，部分隧道未穿越整个背斜，形成了单斜构造山过山隧道。因此，了解单斜构造山过山隧道对分析重庆市过山隧道地下水影响具有重要意义。

2. 隔挡式构造水文地质模式

重庆市主城区位于扬子准地台四川台拗的川东陷褶束的东缘，从下二叠统茅口组至上侏罗统蓬莱镇组成角度不整合。构造形迹由一系列北东至北北东向近于平行的不对称线形梳状褶皱组成，为燕山-喜山运动的产物。褶皱背斜紧凑狭窄，向斜开阔平缓，成隔挡式；背斜形成条形山，向斜成丘陵谷地，共同组成右行雁列褶皱，多延伸至长江后倾没。构造纲要情况见图 4-16。

（1）缙云山区域主要发育温塘峡背斜，其轴部位于山顶岩溶槽谷内，其西侧为璧山向斜，其东侧为北碚向斜，断裂不发育。

（2）中梁山区域主要发育观音峡冲断背斜，轴部位于山顶岩溶槽谷内，该背斜北起合川市三汇镇（与华蓥山背斜斜接），往南跨过嘉陵江及长江，南延至江津市贾嗣镇而倾没，其西侧为北碚向斜，其东侧为悦来场向斜和金鳌寺向斜。

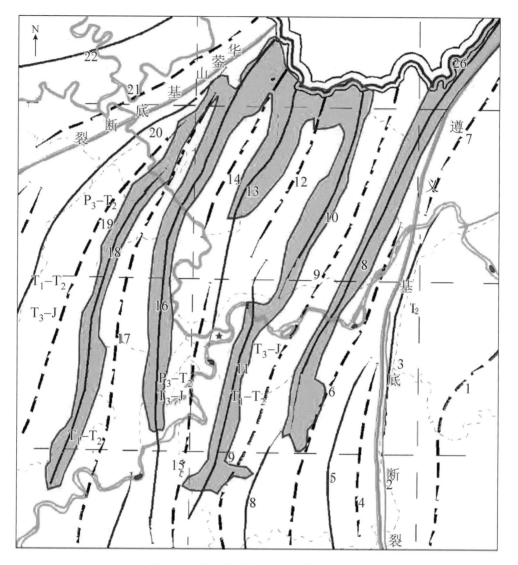

图 4-16　重庆市主城"四山"构造地质图

1 石溪堡子场向斜；2 丰盛场背斜；3 丰盛场断层；4 莲石向斜；5 桃子荡背斜；6 洛渍向斜；7 梁平向斜；8 明月峡背斜；9 大盛场向斜；10 铜锣峡背斜；11 南温泉背斜；12 重庆-沙坪向斜；13 龙王洞背斜；14 悦来场背斜；15 金鳌寺向斜；16 观音峡冲断背斜；17 北碚向斜；18 峡鼻背斜；19 壁山向斜；20 沥鼻峡背斜；21 合川向斜；22 大石桥背斜

（3）铜锣山区域主要发育有铜锣峡背斜和南温泉背斜，其轴部位于山顶岩溶槽谷内。背斜两翼从西到东的次级褶皱分别为重庆-沙坪向斜、大盛场向斜。区内断裂较发育，与褶皱相伴随且与其同向的压扭性断裂主要发育在背斜轴部及其倾没端。区内主要的断层有清灵寺断层、高坎子断层、凉水井断层、南山断层。

（4）明月山区域主要发育明月峡背斜，该背斜北起四川开江县中新场，往南跨过长江至重庆市巴南区惠民镇附近，长 220km。背斜两翼从西到东的次级褶皱分别为大盛场向斜、梁平向斜，断裂不发育。

重庆市主城"四山"的构造和地貌组合均有相似性，其地层空间分布情况也比较相似。

背斜轴部山顶岩溶槽谷内主要分布的地层为三叠系飞仙关组、嘉陵江组、雷口坡组，其中在中梁山区域北碚天府镇一带分布有二叠系茅口组、龙潭组、长兴组地层，岩性主要为灰岩、白云岩等碳酸盐岩地层；背斜两翼山脊两侧分布的地层从老到新依次为三叠系须家河组、侏罗系珍珠冲组、自流井组、新田沟组、下沙溪庙组、沙溪庙组、遂宁组，岩性主要为砂岩、泥岩、页岩。第四系地层零星分布于长江、嘉陵江两岸，以及背斜槽谷、山间谷地和坡麓地带，主要为阶地堆积和近代河流冲积层。

　　重庆市主城"四山"地质构造以隔挡式构造为主，典型地质剖面如图 4-17 所示，即由一系列平行的背斜和向斜相间组成，其中背斜是窄而紧闭的，形态完整清楚，呈线状延伸，而两个背斜之间的向斜则开阔平缓。其中，川东地区隔挡式构造中的背斜一般具有以下特点。

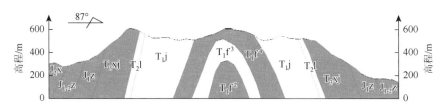

图 4-17　隔挡式构造山典型地质剖面

　　（1）核部一般以二叠系与三叠系碳酸盐岩和碎屑岩类地层为主，主要为岩溶赋水地层，且赋水性较好。

　　（2）核部以外两翼主要以三叠系及侏罗系的碎屑岩地层为主，透水性较差，为较好的隔水层。

　　（3）受背斜两翼隔水层的作用，加之背斜延伸长，地下水区域径流、排泄不畅使得背斜核部岩溶赋水层位内的水位普遍较高，加上地表溶蚀作用形成的槽谷地形，于是形成高水位槽谷。

　　（4）背斜内岩溶水主要以浅层岩溶水和深层岩溶水为主，浅层岩溶水通过横向沟谷进行排泄，深层岩溶水主要向区域性的侵蚀基准面如长江、嘉陵江等进行排泄，其循环深度大、径流途径长、循环交替较慢。在个别背斜内地下水以温泉的形式出露并进行排泄。

4.3.2　单斜构造山过山隧道地下水影响研究

1. 单斜构造山水文地质分析模型

　　穿越单斜构造的过山隧道，由于水文地质特征各异，无法建立统一的地下水分析模型。本书构建了较理想化的单斜构造山过山隧道水文地质分析模型，建立的 Visual Modflow 计算模型如图 4-18 所示，模型边界两侧为固定水文边界，前后为零流量边界，上部为降雨补给条件，隧道布设在模型中部，穿过 7 个地层，地层倾角为 60°，地层 1～5 为相对含水层，地层 6、地层 7 为相对隔水层。

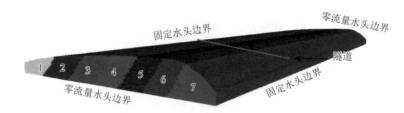

图 4-18　单斜构造山分析模型

　　参照重庆市水文地质经验取值，对隧址区地下水水位进行多次计算迭代、拟合，最终确定了模型含水层水文地质参数，如表 4-11 所示。修建隧道前隧址区初始流场，如图 4-19 所示，从图 4-19 中可以得知：在未修建隧道前，由于地层 6、地层 7 的隔水作用，初始渗流场的中部地下水水位较高，地下水水位最高为 480m；地层 1～5 地下水变化梯度较小。

表 4-11　水文地质参数

地层	K_x/(m/d)	K_y/(m/d)	K_z/(m/d)	S_s	S_y	有效孔隙	总孔隙
1	0.08	0.08	0.08	0.0004	0.08	0.032	0.032
2	0.085	0.085	0.085	0.006	0.08	0.041	0.041
3	0.092	0.092	0.092	0.0008	0.081	0.043	0.043
4	0.12	0.12	0.12	0.0013	0.121	0.102	0.102
5	0.15	0.15	0.15	0.0021	0.107	0.117	0.117
6	0.04	0.04	0.04	0.0008	0.042	0.032	0.032
7	0.008	0.008	0.008	0.0008	0.06	0.011	0.011

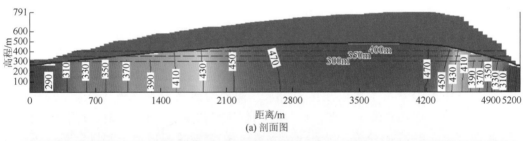

(a) 剖面图

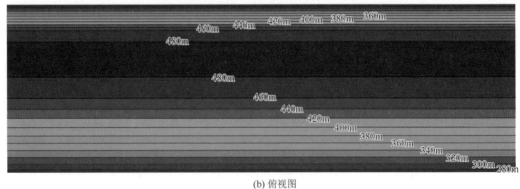

(b) 俯视图

图 4-19　未修建隧道时初始地下水水位

2. 不同隧道高程对地下水的影响

重庆市隧道埋深为 160～880m，隧道高程越高，埋深越小，同时相对于地下水位埋深越小。为分析不同隧道埋深条件对地下水环境的影响，分别设置隧道高程为 300m、350m、400m，相对于地下水水位埋深分别为 80m、130m、180m，如图 4-19（a）所示。

图 4-20～图 4-22 依次为隧道高程为 300m、350m、400m 时地下水水位图。从图中可以看出，最大地下水水位降深出现在隧道轴线正上方，沿隧道轴线两侧地下水水位逐渐增大，形成降落漏斗。隧道高程为 300m 时，最大地下水水位降深为 60m，地下水输降范围达 5km；隧道高程为 350m 时，最大地下水水位降深为 40m，地下水输降范围达 3km；隧道高程为 400m，最大地下水水位降深为 25m，地下水输降范围为 2km。

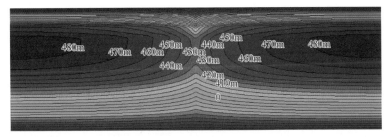

图 4-20　隧道高程 300m 地下水水位

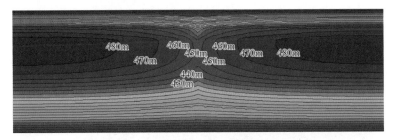

图 4-21　隧道高程 350m 地下水水位

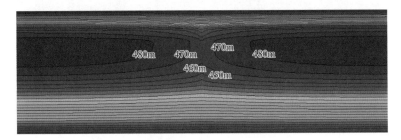

图 4-22　隧道高程 400m 地下水水位

对图 4-21～图 4-23 分析可得到隧道高程与最大地下水水位降深和影响范围的关系，随着隧道高程的增大，最大地下水水位降深和影响范围均减小，减小程度大致与隧道高程呈线性关系。隧道高程增大，隧道与地下水水位高差减小，隧道所承受的孔隙水压力随之减小，在同等隧道堵水措施条件下（隧道综合水力传导系数相同），通过隧道排出的水量减小。可见，隧道选址高程在地下水水位之下时，应尽量埋深浅，这样对水环境影响较小。

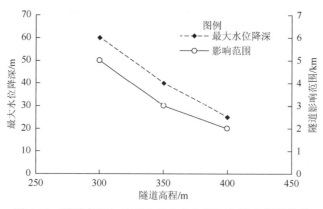

图 4-23　隧道高程与地下水最大水位降深和影响范围关系

3. 不同隧道堵排水对地下水环境的影响

据调查，运营期隧道洞口均有不同程度的排水。在 Visual Modflow 计算分析模型中，隧道综合水力传导系数代表隧道与地下水系数之间的水头损失，反映隧道施工衬砌、注浆等措施对地下水的堵水能力，系数越大，隧道排水能力越强。本书建模计算过程中所采取的隧道综合水力传导系数是根据重庆市大量隧道洞口排水量调查结果反算得出，根据反算结果可知：0.01m/d 代表堵水能力好，0.02m/d 为较好，0.03m/d 为较差，0.04m/d 为差。

图 4-24～图 4-27 为在不同堵水能力条件下隧道运营期隧址区地下水水位图，可知隧道排水会导致隧道轴线一定区域地下水水位下降，形成降落漏斗。当隧道堵水能力较好时，最大水位降深为 30m，地下水输降范围为 3km；当隧道堵水能力中等时，最大水位降深为 50m，地下水输降范围为 4.5km；当隧道堵水能力较差时，最大水位降深为 70m，地下水输降范围为 5.5km；当隧道堵水能力差时，最大水位降深为 80m，地下水输降范围为 6km。

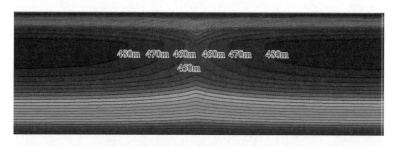

图 4-24　隧道堵水较好条件下地下水水位

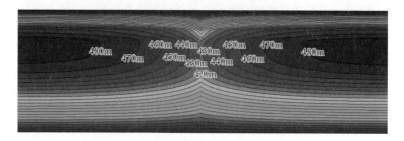

图 4-25　隧道堵水中等条件下地下水水位

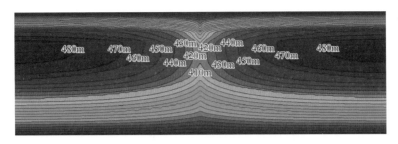

图 4-26　隧道堵水较差条件下地下水水位

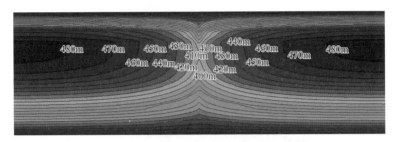

图 4-27　隧道堵水差条件下地下水水位

通过分析上述四种堵水条件下隧址区地下水环境计算结果，可得出隧道堵水能力（综合水力传导系数）与最大水位降深的关系，如图 4-28 所示。隧道综合水力传导系数反映了隧道施工衬砌、注浆等措施对地下水的堵水能力，系数越大，隧道堵水能力越差、排水量越大。隧道综合水力传导系数的增大与最大水位降深和影响范围大致呈线性增大。因此，在隧道修建过程中，通过注浆等措施提高其堵水能力，能够对单斜构造过山隧道隧址区地下水环境起到保护作用。

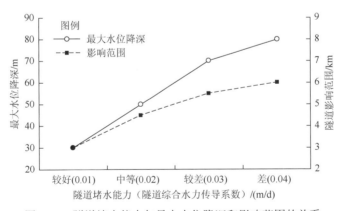

图 4-28　隧道堵水能力与最大水位降深和影响范围的关系

4.3.3　川东隔挡式构造山过山隧道渗地下水影响研究

1. 川东隔挡式构造水文地质分析模型

川东隔挡式构造为重庆市过山隧道的典型构造，本书以川东地区典型隔挡式构造背斜山为例，分析隧道穿越该区域时的地下水渗流场规律。图 4-29 为川东隔挡式构造水文条件典型剖面图，背斜核部为上二叠统长兴组，两翼依次为三叠系飞仙观组、嘉陵江组、雷口坡组、须家河组及侏罗系地层（J）。

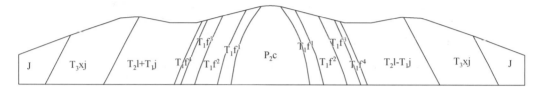

图 4-29　川东隔挡式构造水文条件典型剖面

以图 4-29 所示的川东隔挡式构造水文条件典型剖面建立水文地质分析模型，如图 4-30 所示，模型长 16km，宽 6km，隧道布设在模型中部，模型剖面为两侧零流量边界，前后为固定水头边界，上部为降雨补给边界。

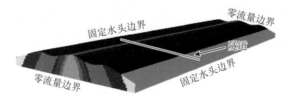

图 4-30　川东隔挡式构造水文地质分析模型

根据重庆市川东隔挡构造地质特点和地层特征，选取水文地质经验参数，对隧址区地下水水位进行多次计算迭代，反复拟合该区地下水水位，最终确定模型含水层水文地质参数（表 4-12）及修建隧道前隧址区的初始流场。从图 4-31 可知：隧址区在未修建隧道前，由于两翼侏罗系地层和三叠系须家河组砂泥岩的隔水作用，初始渗流场的中部地下水水位较高，地下水水位最高为 460m，地下水主要沿地层走向方向径流。

表 4-12　模型各个地层选取渗透系数表

地层	K_x/（m/d）	K_y/（m/d）	K_z/（m/d）	S_s	S_y	有效孔隙	总孔隙	降雨补给
J	0.017	0.017	0.017	0.0004	0.015	0.034	0.034	100
T_3xj	0.072	0.052	0.072	0.0011	0.023	0.051	0.051	100
T_1j, T_2l	0.255	0.181	0.178	0.0023	0.141	0.196	0.196	900
T_1f^2, T_1f^4	0.011	0.011	0.011	0.0002	0.011	0.025	0.025	100
T_1f^1, T_1f^3	0.193	0.171	0.115	0.0021	0.107	0.117	0.117	150
P_2c	0.261	0.237	0.163	0.0023	0.136	0.180	0.180	200

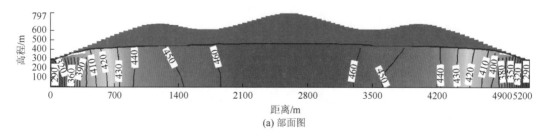

(a) 部面图

(b) 俯视图

图 4-31 隧道地下水初始地下水水位

2. 不同隧道高程地下水影响

隧道高程越高,隧道相对于地下水水位埋深越小。本书通过设置不同隧道高程来模拟在不同隧道埋深条件下的地下水渗流场特性,如图 4-32 所示,分别设置隧道高程为 250m、300m、350m、400m,隧道与地下水相对高差分别为 210m、160m、110m、60m。

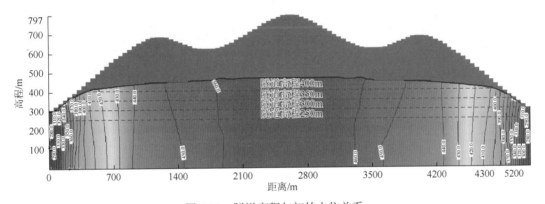

图 4-32 隧道高程与初始水位关系

由图 4-33~图 4-36 可以看出,隧道输排地下水,致使隧道附近地下水水位下降。由于隧道进出口附近地层为侏罗系地层和三叠系须家河组砂泥岩,地下水输降较小。隧道核部碳酸盐岩区上二叠统长兴组、三叠系飞仙观组一段和三段、嘉陵江组、雷口坡组由于岩溶发育,地层渗透率大,故地下水水位降深大,输降范围广。

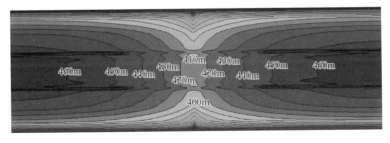

图 4-33 隧道高程 250m 地下水水位

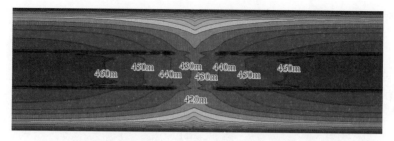

图 4-34　隧道高程 300m 地下水水位

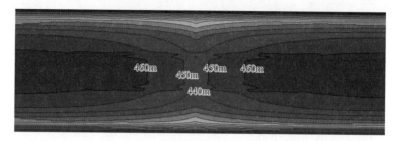

图 4-35　隧道高程 350m 地下水水位

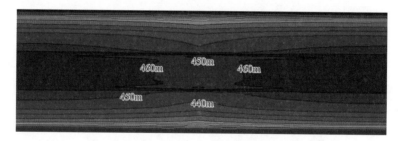

图 4-36　隧道高程 400m 地下水水位

随着隧道高程的增大，地下水水位降深减小，地下水输降范围变小，得到隧道高程与最大地下水水位降深及地下水输降范围的关系，如图 4-37 所示。隧道高程为 250m 时，

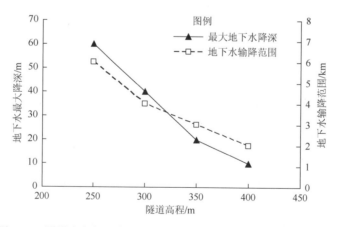

图 4-37　隧道高程与最大地下水水位降深及地下水输降范围的关系

最大地下水水位降深约为 60m，输降范围约为隧道轴线两侧 6km；隧道高程为 300m 时，最大地下水水位降深约为 40m，输降范围约为隧道轴线两侧 4km；当隧道高程为 350m 时，最大地下水水位降深约为 20m，当隧道高程为 400m 时，输降范围为 3km；最大地下水水位降深约为 10m，输降范围为 2km。

从图 4-37 隧道高程与最大地下水水位降深及地下水输降范围关系图中可知，随着隧道高程增大，地下水最大降深和影响范围均减小。隧道高程增大后围岩处水头降低，孔隙水压力减小，在同等隧道堵水措施条件下，隧道排水量减少。可见，隧道选址高程在地下水水位之下时，应尽量浅埋，以减少对水环境的影响。

3. 不同堵排水条件地下水影响

隧道综合水力传导系数代表隧道与地下水系数之间的水头损失，反映隧道施工衬砌、注浆等措施对地下水的堵水能力。本书在建模计算过程中所采取的隧道综合水力传导系数是通过重庆市大量隧道洞口排水量调查结果反算得出，根据反算结果可知：0.01m/d 代表堵水能力好，0.02m/d 为较好，0.03m/d 为较差，0.04m/d 为差。

图 4-38～图 4-41 依次为隧道堵水能力较好、中等、较差、差条件下隧址区地下水水位图，隧道的排水导致隧道轴线一定区域内地下水水位下降，形成降落漏斗。随着隧道水力传导系数的增加，地下水输降范围和地下水降深均增大。当隧道堵水较好时，隧道轴线最大水位降深约为 20m，输降范围约为隧道轴线两侧 2km；当堵水中等时，隧道轴线最大水位降深为 40m，输降范围约为隧道轴线两侧 4km；当堵水较差时，最大水位降深为 50m，输降范围约为 5km；当堵水差时，隧道轴线最大水位降深为 60m，输降范围约为隧道轴线两侧 6km。

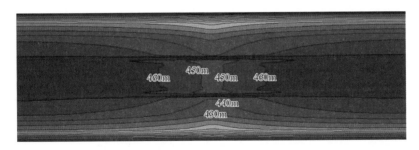

图 4-38　隧道堵水较好条件下地下水水位

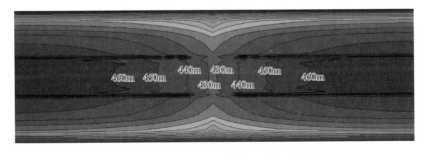

图 4-39　隧道堵水中等条件下地下水水位

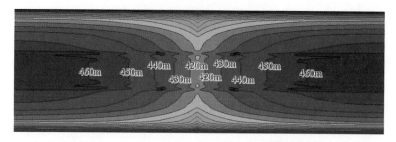

图 4-40　隧道堵水较差条件下地下水水位

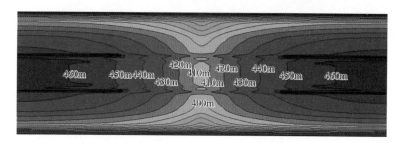

图 4-41　隧道堵水差条件下地下水水位

通过对上述四种隧道堵水条件下地下水位分析,可得出隧道堵水能力与最大地下水降深和影响范围关系,如图 4-42 所示,随着隧道堵水能力的减弱,最大水位降深和影响范围均呈明显增大趋势。可见,对川东隔挡构造过山隧道采取有效的堵水设计方案和施工措施,对控制隧址区地下水输降有明显作用。

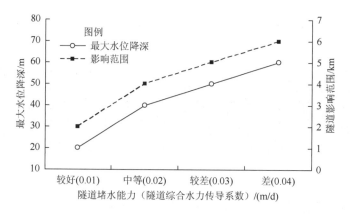

图 4-42　隧道堵水能力与地下水水位降深和地下水输降范围的关系

4. 缓倾岩层条件下地下水影响

为分析不同岩层倾角条件下隧道修建对地下水渗透场的影响,本书假设典型川东隔挡式构造剖面图岩层较缓倾,倾角为 45°,剖面如图 4-43 所示,背斜核部最老地层为上二叠统长兴组,两翼依次为三叠系飞仙关组、嘉陵江组、雷口坡组、须家河组及侏罗系地层。以该典型剖面建立隧道穿越含水层地下水渗流场分析模型。

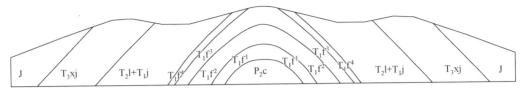

图 4-43　缓倾岩层地质剖面

在未修建隧道时，缓倾岩层与陡倾岩层初始地下水水位相似，如图 4-44 所示。由于两翼侏罗系地层和三叠系须家河组砂泥岩隔水作用，地下水水位在中部出现隆高。

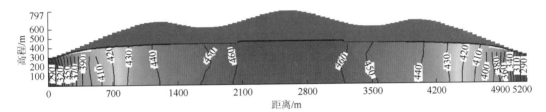

图 4-44　初始地下水水位

通过将隧道综合水力传导系数设置为 0.01m/d、0.02m/d、0.03m/d、0.04m/d 来分别模拟隧道堵水能力较好、中等、较差、差条件下隧道在运营期渗流场特性。通过计算分析得出如下结论：当堵水能力较好时，隧道轴线最大水位降深约为 30m，输降范围约为隧道轴线两侧 2km；当堵水能力中等时，隧道轴线最大水位降深为 50m，输降范围约为隧道轴线两侧 3km；当堵水能力较差时，最大水位降深为 60m，输降范围约为 4km；当堵水能力差时，隧道轴线最大水位降深为 70m，输降范围约为隧道轴线两侧 5km。

川东隔挡构造下缓倾岩层和陡倾岩层不同堵水能力与最大地下水水位降深关系，如图 4-45 所示，可知：①在堵水能力相同条件下，缓倾岩层最大水位降深均较陡倾岩层大；②随着堵水能力减弱，最大水位降深均增大，增大的程度趋势一致。从图 4-46 可知：①在堵水能力相同条件下，缓倾岩层影响范围较陡倾岩层小；②随着堵水能力减弱，以上条件下隧道对地下水影响范围均逐渐增大，并且大致呈线性关系。

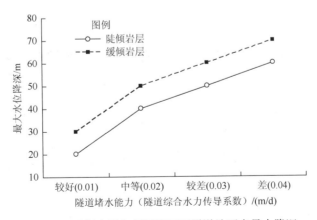

图 4-45　陡倾岩层与缓倾岩层下隧道地下水最大降深

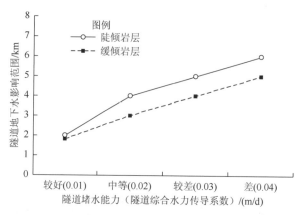

图 4-46　陡倾岩层与缓倾岩层下隧道地下水影响范围

4.3.4　隧址区地下水渗流场时间效应

隧道建设对地下水渗流场影响可分为两个过程：一是隧道施工过程；二是隧道运营过程。通过大量的资料收集和现场调查发现，隧道修建完工后运营期隧道仍存在排水，地下水向隧道壁汇集并由洞口排出。本书以典型川东隔挡式构造山建立水文地质分析模型，采用 Visual Modflow 渐变流分析隧道施工完成后运营期隧址区的渗流场时间效应。

1. 排水为主工况地下水环境

根据华岩隧道施工涌水量资料，推算出隧道施工过程中隧道综合水力传导系数为 0.5m/d，隧道施工期为 3 年。计算分析运营期为 0.5 年、1 年、2 年、3 年、5 年、10 年、20 年时地下水渗流场。

从图 4-47 可知，隧道修建后隧道轴线附近地下水漏失严重，隧址区最大水位降深位于隧道轴线上部，在轴线两侧形成降落漏斗。隧道修建完工时，地下水输降范围为隧道轴线两侧 0.8km，地下水最大降深为 55m。随着时间的推移，隧道轴线正上方及一定距离内地下水水位逐渐增高，地下水最大降深从施工后的 55m 减小到 25m，地下水水位有一定程度的恢复。而隧道两侧地下水的输降范围逐渐增大，施工刚完成时的输降范围约为隧道轴线两侧 0.8km，到 10 年后范围扩大到隧道轴线两侧 2.4km，之后基本趋于稳定。

(a) 隧道修建完工时

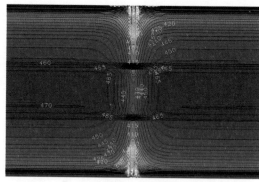

(b) 隧道运营0.5年后

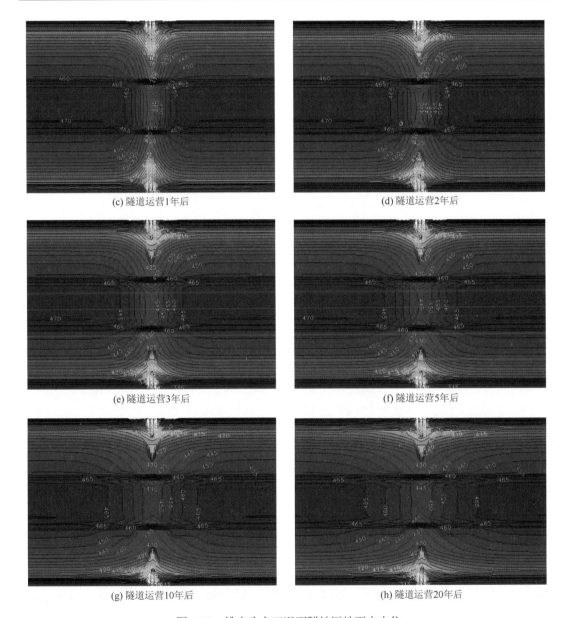

(c) 隧道运营1年后　　　　　　　　　　　　(d) 隧道运营2年后

(e) 隧道运营3年后　　　　　　　　　　　　(f) 隧道运营5年后

(g) 隧道运营10年后　　　　　　　　　　　(h) 隧道运营20年后

图 4-47　排水为主工况下隧址区地下水水位

　　通过对上述工况计算可以得出隧址区最大水位降深和影响范围随时间变化关系，如图 4-48 所示。从图中可以得知：①在隧道完工后 3 年内，最大水位降深恢复较快，从 55m 逐渐减小到 30m，之后逐渐趋于稳定，稳定于 25m；②隧道完工后，地下水输降范围逐渐扩大，最终影响到隧道轴线两侧 2.4km；③在完工后 3 年内，隧道影响范围扩大较快。由此可见，隧道修建完工时，地下水水位下降较大，但输降范围主要集中在隧道轴线两侧较小范围内；隧道修建完工后，随着时间推移以及隧道注浆堵水发挥作用，隧道两侧较远区域地下水向隧道轴线附近区域补给，隧道轴线附近水位有所上升，然而影响范围却向两侧逐渐扩展。

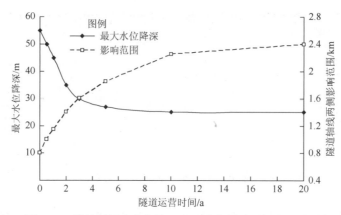

图 4-48　隧址区最大水位降深和影响范围随时间变化关系

2. 堵水为主工况地下水环境

将华福隧道运营期排水量调查值作为本书分析隧道全堵水施工的排水量。由于隧道施工完成后，隧道仍存在排水，并不能做到真正100%堵水，因此，对隧道采用全堵水方式施工模拟是将流量控制在一个相对较小的值（即隧道运营期流量）。在该情况下，隧道修建仍以一相对较小流量持续排水，这导致隧址区地下水水位下降，如图 4-49 所示。从图中可以得知，在全堵水施工工况下，地下水水位降深及地下水输降范围均较小。可见，这种施工方案对隧址区水环境影响较小，隧道轴线附近地下水水位略有下降，影响范围仅为隧道轴线两侧 1.2km，且影响程度小。

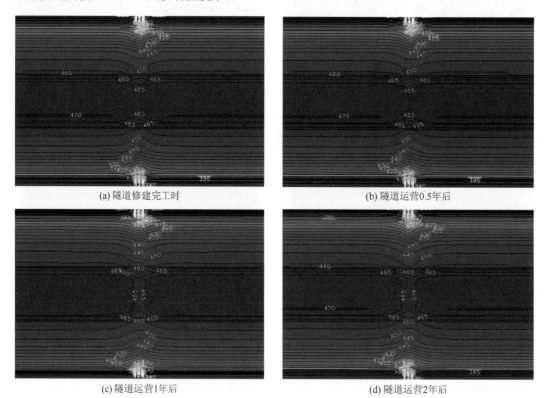

(a) 隧道修建完工时　　　　　　　　　　(b) 隧道运营0.5年后

(c) 隧道运营1年后　　　　　　　　　　(d) 隧道运营2年后

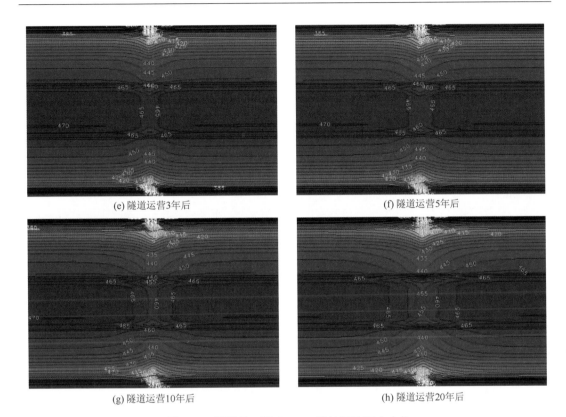

(e) 隧道运营3年后　　　　　　　　　　　　　(f) 隧道运营5年后

(g) 隧道运营10年后　　　　　　　　　　　　(h) 隧道运营20年后

图 4-49　隧道施工堵水 100%隧址区地下水水位

　　图 4-50 为隧道施工堵水 100%条件下隧址区最大水位降深和影响范围随时间变化关系图。从图中可以看出：①隧道修建完工时，隧址区最大水位降深为 8m，随着时间的推移，最大水位降深逐渐增大，10 年以后逐渐趋于稳定，稳定水位降深约为 16m；②由于隧道施工采用全堵水施工，故在隧道施工完成时，地下水输降范围较小，约为 0.4km。随着时间的推移，地下水输降范围逐渐增大，最终约为 1.6km。可见，采用全堵水施工方案对隧址区地下水环境保护可起到良好效果。

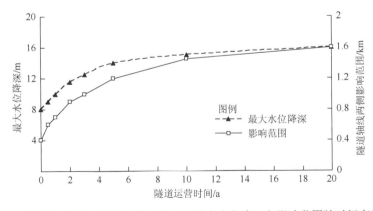

图 4-50　隧道施工堵水 100%条件下隧址区最大水位降深和影响范围随时间变化关系

3. 不同堵排水工况

针对隧道衬砌注浆堵水施工工况,研究不同施工堵水条件下隧址区地下水渗流场时间效应,堵水条件分别为堵水 100%、堵水 80%、堵水 60%、堵水 40%、堵水 20%。

图 4-51 为不同排堵水施工条件下隧址区施工期和运营稳定期最大水位降深图。从图中可以看出:①不同排堵水施工条件下,施工期对于施工条件较为敏感,随着堵水能力提高,最大水位降深减小;②运营稳定期,地下水水位对施工堵水条件不敏感,最终地下水降深差异小,这主要取决于隧道施工完成后的隧道排水情况(假定隧道完工后最终的堵水能力相同)。

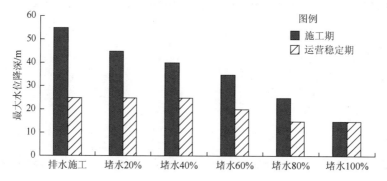

图 4-51   不同排堵水施工条件下隧址区施工期和运营稳定期最大水位降深

图 4-52 为运营稳定期不同施工排堵水条件下隧址区地下水输降影响范围的对比,从图 4-52 中可以看出:不同排堵水条件下,地下水输降范围略有差异。随着堵水能力的提高,地下水输降影响范围缩小;随着施工堵水能力的增强,地下水输降影响范围逐渐减小;在全堵水施工条件下,地下水输降影响范围为 1.6km。

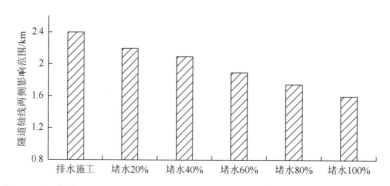

图 4-52   运营稳定期不同施工排堵水条件下隧地区地下水输降影响范围的对比

图 4-53 为不同隧道排堵水条件下地下水最大水位降深时间效应,可知:①不同隧道施工排堵水条件下,隧址区最大水位降深随着时间的推移有所回升,在一定程度上隧址区地下水水位得到恢复,恢复时间随着堵水能力的提高而缩短;②在隧道完工后的前两年,地下水水位上升较快;随后 2～5 年,地下水水位逐渐上升,上升速率变慢,之后地下水

水位趋于稳定；③最终地下水水位降深随着施工期排水量的增大而增大。

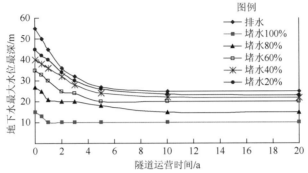

图 4-53　不同隧道排堵水条件下地下水最大水位降深时间效应

图 4-54 反映了地下水输降范围随着时间变化关系，可知：①在隧道运营期阶段，地下水输降影响范围随着堵水能力的提高而减小，表明提高隧道施工时期的堵水能力将有效地控制地下水输降问题。②从时间上看，地下水输降范围都随着时间的推移呈增大趋势，在较长时间内，影响范围向隧道两侧更远的地方扩展，且在不同排堵水工况下影响范围的扩张速率相近。这表明，隧道修建完工后，因地下水下降造成的后期地质环境问题，会陆续在地面上表现出来，并随着时间推移逐渐向隧道两侧更远的地方扩展。③输降范围的扩展主要集中在隧道完工后 5 年内，完工后 5～9 年继续增大，完工后 9 年后基本趋于稳定。因此，初步认定川东隔挡构造过山隧道对地下水影响时间为 9 年。

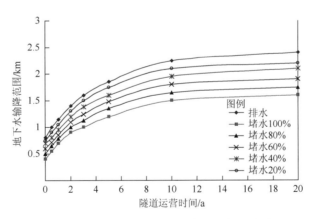

图 4-54　地下水输降范围随着时间变化关系

4.4　隧道地下水环境变化规律与勘察评价建议

隧道地下水环境保护工作的开展，首先涉及隧道地下水的勘察和评价。目前专门针对隧道地下水环境的勘察技术极少。本章在目前重庆市已建过山隧道地下水环境情况的基础上，结合前三章的研究成果，综合分析，得出重庆市隧道地下水环境影响范围等有关参数，以供隧道地下水环境保护勘察参考。

4.4.1 隧道涌水量分析

隧道在运营期内，为了降低地下水对隧道洞体的危害，隧道工程通常将地下水通过管道排出洞口。隧道施工排水和隧道运营期洞口排水必然打破隧址区的地下水环境平衡。从隧道洞口的涌水量大小能较为直观地反映隧道修建对地下水平衡的破坏情况。对重庆市已建及在建的 29 条隧道的 58 个隧道口涌水量进行了调查，其中隧道洞口见涌水的共计 9 处（表 4-13），涌水量为 0.2～300L/s，其中铁峰山二号隧道东侧洞口涌水量最大，约为 300L/s。其他隧道口未见涌水的主要原因如下：①部分隧道对洞口排水管道进行埋藏等处理，不易观测涌水量；②部分隧道洞口涌水量受大气降水影响，流量随降水变化明显，暴雨后流量较大，可见洞口涌水。

表 4-13　重庆市隧道涌水量

隧道名称	穿越地层	所处洞口	洞口高程/m	流量/（L/s）	地下水动态及其他说明
大学城隧道	J_2s-T_1f	东侧洞口	306	14.7	随降雨变化较为明显，降雨后出现涌水，穿越 T_2l、T_1j 地层时出水量增大
		西侧洞口	307	6.5	随降雨变化较为明显，降雨后出现涌水，穿越 T_2l、T_1j 地层时出水量增大
轻轨六号线中梁山隧道	J_2s-T_1f	东侧洞口	310	1.5	随降雨变化较为明显，穿越 T_2l、T_1j 地层时出水量增大
		西侧洞口	247	23.3	随降雨变化较为明显，穿越 T_2l、T_1j 地层时出水量增大
轻轨一号线歌乐山隧道	J_2x-T_1j	东侧洞口	232	49.4	随雨量变化较为明显
		西侧洞口	302	11.2	隧道排水主要集中在西侧洞口，随雨量变化较为明显
双碑隧道	J_2x-T_1j	东侧洞口	220	34.6	隧道贯通后排水沟排水量增大，西侧水泵抽至东侧，雨后排水量增大，穿越 T_2l、T_1j 地层时出水量增大
		西侧洞口	302	31.7	隧道贯通后大量出水，用水泵抽入东侧洞口流出，雨后排水了增大，穿越 T_2l、T_1j 地层时出水量增大
铁峰山二号隧道	J_2s-T_2b	东侧洞口	407	300	常年涌水，涌水量大
		西侧洞口	488	—	洞口未见地下水排出
分界梁隧道	J_1z-T_2b	东侧洞口	—	20	常年有水，调查期间为雨季，正常流量为 10L/s
		西侧洞口	—		涌水随降雨变化较为明显，降雨后出现涌水
正阳隧道	T_1j-S_1l	东侧洞口	600	—	未见地下水排泄口
		西侧洞口	620	4.5	常年涌水，随降雨变化较为明显，穿越 T_1j、T1d 地层时出水量增大
葡萄山隧道	$\in_1$	东侧洞口	—	3	常年涌水，随降雨变化较为明显，穿越灰岩地层时出水量增大
		西侧洞口	—	0.2	常年涌水，随降雨变化较为明显，穿越灰岩地层时出水量增大
璧山隧道	J_2s-T_1j	东侧洞口	318	3.59	常年涌水，随降雨变化较为明显，穿越 T_2l、T_1j 地层时出水量增大
		西侧洞口	305	125.6	常年涌水，随降雨变化较为明显，穿越 T_2l、T_1j 地层时出水量增大

4.2 节对华岩隧道地下水环境进行了分析和预测。华岩隧道属于中梁山山脉过山隧道，从表 4-13 中可以得出中梁山过山隧道运营期隧道涌水量情况（表 4-14），涌水量为 1831.63～5278.32m³/d。

表 4-14　中梁山过山隧道涌水量

隧道名称	大学城隧道	轻轨六号线中梁山隧道	轻轨一号线歌乐山隧道	双碑隧道
涌水量/（m³/d）	1831.68	2142.72	5235.84	5728.32

华岩隧道在两种工况下（已有地下工程、无其他地下工程）的运营期地下水涌水量分别为 4300m³/d、4800m³/d，鉴于目前中梁山过山隧道运营期涌水量为 1831.63～5278.32m³/d，如图 4-55 所示，对华岩隧道涌水量的预测值较合理。从图 4-56 中梁山山脉过山隧道地下水影响范围可以得知：调查隧道与华岩隧道地下水影响范围的相关性高，隧道影响范围为隧道两侧 2.8km。在相似地质构造和地层条件下，隧道修建对地下水影响范围较相近。

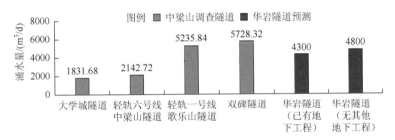

图 4-55　中梁山山脉过山隧道涌水量

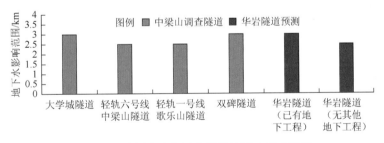

图 4-56　中梁山山脉过山隧道地下水影响范围

4.4.2　地下水影响范围

隧道地下水环境受地形地貌、地质构造、地层岩性及隧道工程施工条件等诸多因素影响。隧道地下水输降以隧道轴线为中心向轴线两侧扩展，影响范围为隧道轴线两侧的地下水输降范围。表 4-15 为重庆市隧道对地下水影响范围调查表。在隧址区，地下水影响主要集中在灰岩地区，砂岩、泥岩、页岩区域影响相对较小，因此，可将灰岩地区作为隧道地下水影响范围统计值。

表 4-15 重庆市隧道影响范围调查表

隧道名称	穿越地层	影响范围/m		
		灰岩	砂岩	泥岩、页岩
大学城隧道	J_2s-T_1f	3000	1500	500
轻轨六号线中梁山隧道	J_2s-T_1f	2500	1000	300
轻轨六号线铜锣山隧道	J_2x-T_1j	3000	1000	—
轻轨一号线歌乐山隧道	J_2x-T_1j	2500	1700	300
铁峰山一号隧道	J_2s-$J_{1-2}z$	—	950	200
铁峰山二号隧道	J_2s-T_2b	3600	1700	400
分界梁隧道	J_1z-T_2b	4500	2000	500
长凼子隧道	T_3xj-T_1j	1500	600	—
摩天岭隧道	T_2b-T_1j	2500	1500	300
走马岭隧道	J_1z-T_1d	2600	1500	600
方斗山隧道	J_2x-T_1j	5000	2000	700
谭家寨隧道	J_2x-T_2l	1000	700	200
聚云山隧道	J_2s-P_2c	2000	1200	500
白云隧道	T_2l-S_1lr	1600	800	300
羊角隧道	T_1f-S_1l	—	—	650
大湾隧道	S_1x-$\in_3h$	1290	—	—
黄草岭隧道	T_1j-S_1lr	750	—	—
武隆隧道	T_3xj-T_1f	2800	—	—
彭水隧道	T_1j-S_1l	700	—	—
长滩隧道	S_1l-$\in_3g$	730	—	—
正阳隧道	T_1j-S_1l	—	1150	600
葡萄山隧道	$\in_1$	2000	600	600
秀山隧道	T_1y-S_2h	2800	1500	700
龙凤山隧道	J_2x-T_1j	2000	100	300
南山隧道	J_2s-T_2b	—	2100	500
云雾山隧道	J_2s-T_1j	3050	500	—
璧山隧道	J_2s-T_1j	4200	2500	600
环山坪隧道	T_2b-T_1j	4100	3000	700

将表 4-15 中重庆市 28 座隧道地下水影响范围进行统计分析后,得到了重庆市隧道地下水影响范围所占比例图,如图 4-57 所示。隧道地下水影响范围总体为 1~6km,影响范

围为 2～3km 的占比最多，占总数 35%，影响范围为 3～4km 的占比为 14%，故影响范围为 2～4km 的占调查总数的 49%。

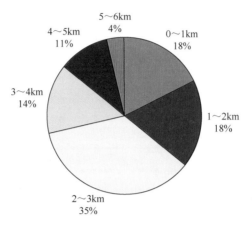

图 4-57　重庆市隧道地下水影响范围所占比例

本书对重庆市典型过山隧道——川东隔挡式构造山隧道地下水环境进行数值分析研究，得出隧道地下水影响范围，如图 4-58 所示。由于计算分析所采用的计算模式不同，稳定流表现隧道对地下水的长期影响，其影响范围必然较渐变流广。据统计，地下水环境影响范围为 1.4～6km。然而，三种工况中隧道地下水影响范围在 2～3km 的区段占比最大，与隧道调查结果中显示的 3km 影响范围占比最多较为吻合。

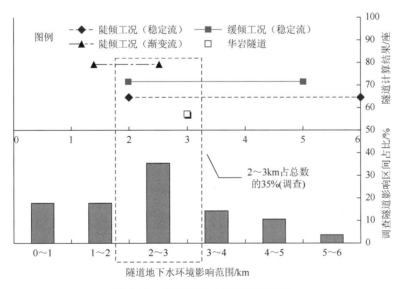

图 4-58　隧道地下水环境影响范围

综上，隧道地下水影响范围在 1～6km。进行隧道地下水影响评价时，可将隧道地下水影响范围初定为 3km。隧道地下水环境勘察范围应适当大于地下水影响范围，并综合隧址区水文地质条件、地理条件，以及隧道拟采用的施工条件等进行确定。

4.4.3　地下水影响时间

对重庆市典型隧道开展了专项地质环境调查，调查结果表明，地质环境问题的发生在时间上表现为具有一定的先后顺序。井、泉水和地表水漏失在隧道修建完工后很长时间会持续发生。图 4-59 和图 4-60 为隧道地质环境变化时间节点示意图，表明了隧道修建后地质环境变化的总体规律。大学城隧道区井、泉漏失和地表水漏失现象一直持续到隧道修建完工后 5 年；铁峰山二号从隧道修建完工后至本次调查时井泉水和地表水一直存在漏失（已 8 年），且影响范围不断扩大。

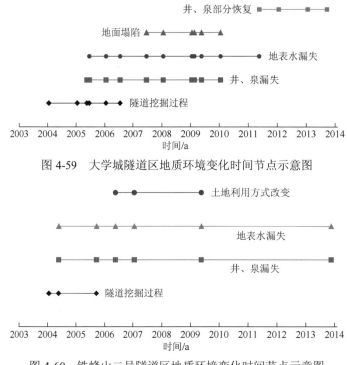

图 4-59　大学城隧道区地质环境变化时间节点示意图

图 4-60　铁峰山二号隧道区地质环境变化时间节点示意图

通过重庆市隧道地质环境调查结果和对过山隧道地下水分析成果，得出隧道在完工后的地下水影响持续时间图（图 4-61）。图中部分隧道地下水在调查时间节点上持续漏失，如轻轨六号线铜锣山隧道、铁峰山隧道和走马岭隧道，因此，地下水影响时间应较图中所标示时间更长。由图中的数据反映，隧道修建造成的地下水地表水影响时间较长，总体为 4～9 年。通过对川东隔挡构造过山隧道地下水环境模拟分析，预测其影响时间为 9 年。可见，隧道选址应尽量避开地下水丰富区域。

4.4.4　隧道埋深、堵排水力与地下水环境

1. 隧道埋深对地下水影响

通过隧道调查和分析结果可知，不同隧道埋深对地下水环境的影响不同。主要表现如下：

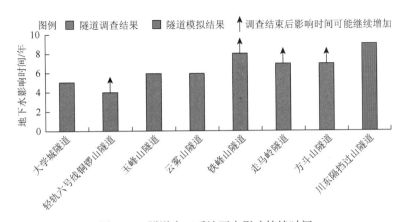

图 4-61   隧道完工后地下水影响持续时间

隧道埋深、隧道排水高程与隧址区地下水水位高差不同，这使得隧道围岩处地下水水压不同。由此可以得出隧道高程和地下水水位高差与地下水影响范围关系（图 4-62）及隧道高程和地下水水位高差与最大水位降深关系（图 4-63）。从图 4-62 和图 4-63 可知隧道高程和地下水水位高差对地下水环境影响较显著，随着高差增大，地下水影响范围和最大水位降深均增大，且大致呈线性增大趋势。原因是高差越大，隧道围岩处水头越大，在同等堵排水措施下，隧道排水量增大，对地下水环境影响更严重。

可见，在隧道规划选址时，隧道可选择在地下水水位以上经过，或避开地下水丰富区域；当隧道选址高程在地下水水位之下时，应尽量浅埋，以减少对水环境的影响。

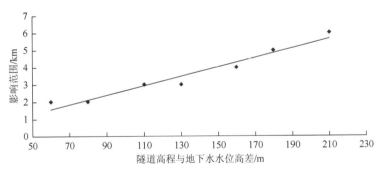

图 4-62   隧道高程和地下水水位高差与地下水影响范围关系

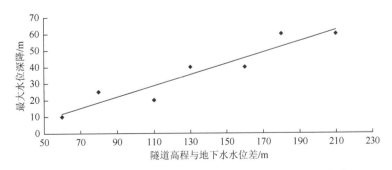

图 4-63   隧道高程和地下水水位高差与最大水位降深关系

2. 隧道堵排水能力对地下水影响

隧道施工完工后隧道排水量的不同对地下水环境的影响也不同。隧道综合水力传导系数反映了隧道堵排水能力，水力传导系数由隧道衬砌、注浆措施等决定，系数越大，堵水能力越弱，排水量越大。本书在建模计算过程中所采取的隧道综合水力传导系数是根据重庆市大量隧道洞口排水量调查结果反算得出，根据反算结果可知，隧道综合水力传导系数为 0.01m/d 时代表堵水能力好，隧道综合水力传导系数为 0.02m/d 时代表堵水能力较好，隧道综合水力传导系数为 0.03m/d 时代表堵水能力较差，隧道综合水力传导系数为 0.04m/d 代表堵水能力差。

图 4-64 和图 4-65 分别反映了隧道运营期堵水能力（隧道综合水力传导系数）与地下水影响范围和最大降深的关系。从图 4-64 和图 4-65 中可知隧道堵水能力越强，地下水影响范围和最大水位降深越小。

可见，提高隧道运营期的堵水能力能有效地控制隧址区地下水环境的破坏和影响。然而隧道堵水能力与衬砌、注浆措施等的关系还需要进一步研究。

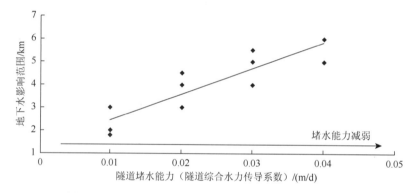

图 4-64　运营期隧道堵排水能力与地下水影响范围关系

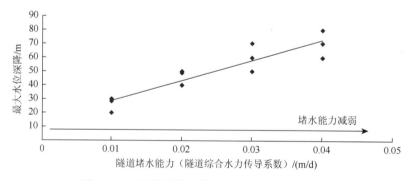

图 4-65　运营期隧道堵排水能力与最大水位降深

3. 隧道地下水演化规律

隧道修建对隧址区地下水环境造成影响，使得地下水水位下降。通过分析可以将隧道对地下水水位影响归纳为两个阶段：①隧道施工期地下水水位演化阶段；②隧道运营期地下水水位演化阶段。如图 4-66 所示，阶段一，隧道施工排水形成初始地下水降落漏斗；阶段二，隧道运营期降落漏斗继续扩张直至稳定，最终确定地下水影响范围。可将隧址区地下水水位演化规律归纳为以下几点。

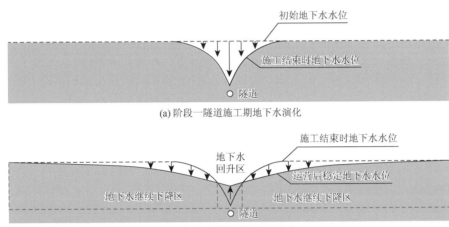

(a) 阶段一隧道施工期地下水演化

(b) 阶段二隧道运营地下水演化

图 4-66　隧址区地下水水位演化

（1）阶段一：隧道施工过程中未采取较为有效的堵水措施时，排水量大，导致隧道附近区域地下水输降严重，较远区域内的地下水通过含水层向隧道附近区域补给。由于隧道排水大，施工期较短时期内的补给缓慢，地下水水力梯度较大，便形成了范围小、深度深的降落漏斗。

（2）阶段二：隧道施工完成后，排水量减小，地下水水力梯度仍处在较大条件下，较远区域内的地下水继续向隧道附近区域补给，流量超过隧道的排水量，使得隧道附近区域地下水水位回升，而较远区域地下水水位下降，最终形成范围大，深度较小的降落漏斗。

（3）运营期地下水降水漏斗可划分为地下水回升区、地下水下降区。

（4）阶段一的地下水水位演化、隧道施工结束时的地下水水位由隧址区水文地质条件和隧道堵排水措施等决定。

（5）阶段二的地下水水位演化、运营期的地下水稳定水位由隧址区水文地质条件和隧道运营期排水量决定。

施工过程开挖卸荷、破碎岩体，使得隧道围岩松动，大量裂隙生成并扩展，由此形成大量导通裂隙。隧道施工期大量排水，带出泥沙，致使裂隙进一步扩大，为地下水流动提供了通道。因此，施工期的施工方法和堵排水措施将决定隧道运营期的涌水量，从而最终决定隧址区地下水环境。

4.4.5　隧道地下水环境勘察评价建议

本书通过对重庆市过山隧道地下水环境的较系统研究,对隧道建设过程中的地下水环境勘察评价作如下建议。

（1）隧道穿越富水岩层时，会造成隧址区地下水下降，形成降水漏斗。因此，隧道选线时应尽量避开地下水富水区。

（2）隧道埋深应首先选择从地下水水位面以上通过，避免对隧址区地下水环境造成破坏。当实际条件不允许隧道从地下水水位面以上穿过时，在隧道穿越含水层富水性等相同的情况下，隧道埋深应尽量浅埋。

（3）拟建隧道穿越已建地下工程区域，因已建地下工程的叠加影响会对地下水造成更严重的破坏，因此，在隧道工程选址时，应尽量避开已有的地下工程。

（4）地下水的输降范围和影响程度对隧道衬砌、防堵水措施较为敏感，隧道设计和施工时，应尽量提高隧道防水能力，有效地控制隧道建设对地下水的影响。

（5）隧道地下水影响范围通常在 1～6km。进行隧道地下水影响评价时，可将隧道地下水影响范围初步定为 3km 左右，再根据水文地质条件、隧道施工堵排水等适当调整。

（6）隧道地下水环境勘察范围应大于地下水影响范围，并结合隧址区水文地质条件、地理条件，以及隧道拟采用的施工条件等进行综合确定。

第5章 基于环境保护的隧道工程地下水排放量标准与确定方法

5.1 隧道工程限量排放解析模型及参数敏感性分析

5.1.1 控制型防排水技术方案

控制型防排水技术的特色在于控制地下水的排放,力求技术上可行,经济上合理,并将环境影响以及隧道长期运营安全性放在首要位置。当前,地下工程实现控制型排放的主要措施是注浆,并形成围岩注浆防水、衬砌结构自防水的双层体系,并通过围岩与衬砌之间的排水系统(主要是防水板和纵横向盲管)实现有限排放。

综上,控制型排放系统或者说限量排放系统主要是采用注浆堵水的方式,并通过由外至内的围岩注浆固结堵水圈、初期支护、防排水网格系统和二次衬砌而组成复合防排水结构(图5-1),它依次形成多道防线,可有效减少地下水的排放量,保护水资源。

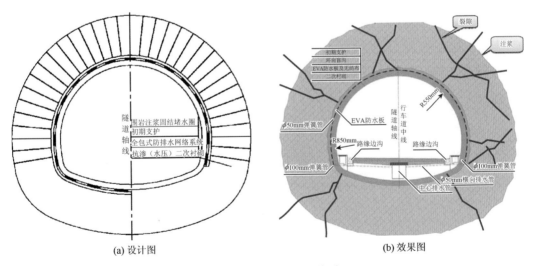

(a) 设计图

(b) 效果图

图 5-1 控制型防排水体系

5.1.2 限量排放解析模型

在图 5-1 所示的控制型防排水体系的基础上,可建立限量排放的解析模型。深埋山岭地下工程可按退化轴对称问题考虑,如图 5-2 所示,并作以下假定。

(1)假定地下工程断面为圆形。

(2)围岩为各向同性均匀连续介质。

（3）地下水渗流满足渗流连续性方程和 Darcy 定律，远水势恒定为 H，不计初始渗流场及相应的渗流力。

（4）限量排放系统由围岩、注浆圈、二次衬砌三者构成。

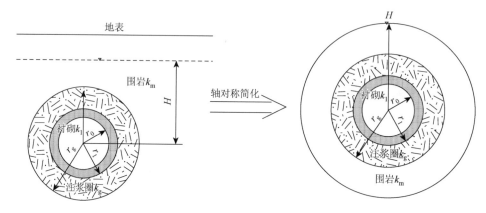

图 5-2　轴对称圆形地下工程简化计算示意图

图 5-2 中，k_1 为衬砌渗透系数；k_m 为围岩渗透系数；k_g 为注浆圈渗透系数；r 为研究点的极距；r_0 为衬砌内径；r_1 为衬砌外径；r_g 为注浆圈外径；h_1 为毛洞状态下围岩水力势；h_2 为衬砌后围岩水力势；H 为远场水力势。

上述模型中，可分两个阶段分别考虑地下工程开挖后的涌水量控制及相应的水荷载问题：①衬砌前；②衬砌后。

1. 地下工程开挖后，衬砌前

规定流向地下工程内的流量 Q 为正值，根据 Darcy 定律有

$$Q_1/2\pi r = k\,dh/dr \tag{5-1}$$

考虑边界条件，$r=r_1$ 时，$h=0$；$r=H$ 时，$h=H$，对上式分离变量然后积分，得衬砌前流量：

$$Q = \frac{2\pi H k_m}{\ln\dfrac{H}{r_1}} \tag{5-2}$$

将式（5-2）代入式（5-1），可得毛洞状态下围岩内的水力势：

$$h_1 = \frac{H}{\ln\dfrac{H}{r_1}}\ln\frac{r}{r_1} \tag{5-3}$$

2. 地下工程衬砌后

衬砌后，地下工程围岩中水力势场由毛洞状态下的 h_1 变为 h_2。

（1）在衬砌范围（$r=r_0 \sim r_1$）内有 $Q_2/2\pi r = k_1\,dh_{21}/dr$，考虑边界条件 $r=r_0$，$h_{21}=0$，可得

$$h_{21} = \frac{Q}{2\pi k_1} \ln \frac{r}{r_0} \qquad (5-4)$$

（2）在注浆范围（$r=r_1 \sim r_g$）内有 $Q_2/2\pi r = k_g \mathrm{d} h_{2g}/\mathrm{d}r$，考虑边界条件 $r=r_g$，$h_{2g}=h_{2g}$，可得

$$h_{2g} = h_{2g} - \frac{Q_2}{2\pi k_g} \ln \frac{r_g}{r} \qquad (5-5)$$

（3）在围岩范围（$r=r_g \sim H$）内有 $Q_2/2\pi r = k_m \mathrm{d} h_{2m}/\mathrm{d}r$，考虑边界条件 $r=H$，$h_{2m}=H$，可得

$$h_{2m} = H - \frac{Q_2}{2\pi k_m} \ln \frac{H}{r} \qquad (5-6)$$

在 $r=r_g$ 边界上，即注浆圈与围岩交界处，根据水力势的连续性有 $h_{2g}=h_{2m}$，把式（5-6）代入式（5-5）可得注浆圈范围内水力势为

$$h_{2g} = H - \frac{Q_2}{2\pi k_m} \ln \frac{H}{r_g} - \frac{Q_2}{2\pi k_g} \ln \frac{r_g}{r} \qquad (5-7)$$

根据连续性方程，当 $r=r_1$ 时，由式（5-4）、式（5-7）计算的结果也应该相等。故可以得出衬砌后流量为

$$Q_2 = \frac{2\pi H k_m}{\ln \dfrac{H}{r_g} + \dfrac{k_m}{k_g} \ln \dfrac{r_g}{r_1} + \dfrac{k_m}{k_1} \ln \dfrac{r_1}{r_0}} \qquad (5-8)$$

联合式（5-15）和式（5-16）可得衬砌范围内的水力势：

$$h_{12} = \frac{H \ln \dfrac{r}{r_0}}{\ln \dfrac{r_1}{r_0} + \dfrac{k_1}{k_m} \ln \dfrac{H}{r_g} + \dfrac{k_1}{k_g} \ln \dfrac{r_g}{r_1}} \qquad (5-9)$$

当 $r=r_1$，并考虑 $H \gg r_1$，衬砌背后的孔隙水压力为

$$p = \frac{\gamma_w H \ln \dfrac{r_1}{r_0}}{\ln \dfrac{r_1}{r_0} + \dfrac{k_1}{k_m} \ln \dfrac{H}{r_g} + \dfrac{k_1}{k_g} \ln \dfrac{r_g}{r_1}} = \beta \gamma_w H \qquad (5-10)$$

式中，β 为衬砌水压力折减系数。

$$\beta = \frac{\gamma_w H \ln \dfrac{r_1}{r_0}}{\ln \dfrac{r_1}{r_0} + \dfrac{k_1}{k_m} \ln \dfrac{H}{r_g} + \dfrac{k_1}{k_g} \ln \dfrac{r_g}{r_1}} \qquad (5-11)$$

5.1.3　衬砌水压力折减系数敏感度

根据上述理论模型及其推导可知，影响衬砌水压力折减系数的参数主要有：①地下水水头；②衬砌厚度；③衬砌与围岩相对渗透性；④注浆圈厚度及渗透性；⑤地下工程尺寸。本书主要针对水深小于地下工程埋深的情况，利用退化轴对称解对衬砌水压力折减系数敏感度进行分析。

1. 远端水头对衬砌水压力折减系数的影响

远端作用水头及地下水水位。根据两车道隧道的工程实际，其跨度约为 12m，衬砌厚度为 0.4～0.5m，因此可取衬砌内径 $r_0=6$m，衬砌外径 $r_1=6.4$m。定义 n 为围岩渗透系数与衬砌渗透系数之比，即 $n=k_{\mathrm{m}}/k_1$。不考虑注浆的初始围岩渗透系数 $k_{\mathrm{m}}=5\times10^{-5}$cm/s，令 $k_{\mathrm{m}}=k_{\mathrm{g}}$，利用式（5-11）可得出不同 n 值，如图 5-3 所示为作用水头对衬砌水压力折减系数的影响曲线。

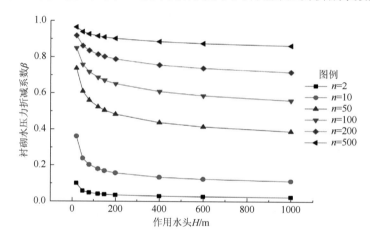

图 5-3　远端作用水头对衬砌水压力折减系数的影响

当 $n=50$（即围岩渗透系数是衬砌渗透系数的 50 倍），作用水头 H 分别为 20m、50m、80m、120m、150m、200m、400m、600m、1000m 时，衬砌水压力折减系数分别为 0.74、0.61、0.56、0.524、0.605、0.484、0.438、0.415、0.34。

当 $n=500$，作用水头 H 分别为 20m、50m、80m、120m、150m、200m、400m、600m、1000m 时，衬砌水压力折减系数分别为 0.966、0.94、0.93、0.92、0.91、0.90、0.89、0.88、0.86。

上述计算结果说明：当 n 值较小时，在水头值较小的范围内（$H<200$m），衬砌水压力折减系数对水头值较敏感，折减系数大于 0.5；而随着 n 值的增大，衬砌水压力折减系数对水头值敏感性不断减弱。

2. 衬砌厚度对衬砌水压力折减系数的影响

取衬砌内径 $r_0=6$m，衬砌厚度考虑 0.2m、0.4m、0.6m 三种情况，$k_{\mathrm{m}}=5\times10^{-5}$cm/s，不考虑注浆，$n$ 为围岩渗透系数与衬砌渗透系数之比，即 $n=k_{\mathrm{m}}/k_1$。令 $k_{\mathrm{m}}=k_{\mathrm{g}}$，利用式（5-11）可得出衬砌厚度对衬砌水压力折减系数的影响曲线，如图 5-4 所示。

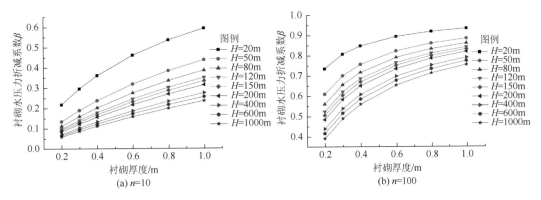

图 5-4 衬砌厚度对衬砌水压力折减系数的影响

在相同水头条件下,衬砌厚度越大,地下工程衬砌水压力折减系数越大,作用在衬砌上的水压力也越大。当 $n=100$,$H=400m$ 时,衬砌厚度分别为 0.2m、0.3m、0.4m、0.6m、0.8m、1m 时,衬砌水压力折减系数分别为 0.44、0.54、0.61、0.70、0.75、0.79;当 $n=10$,$H=400m$ 时,衬砌厚度分别为 0.2m、0.3m、0.4m、0.6m、0.8m、1m 时,衬砌水压力折减系数分别为 0.07、0.11、0.14、0.19、0.23、0.28。上述计算结果说明:当衬砌渗透系数一定时,单纯为了抗水压而无限增大衬砌设计厚度是不合理的。

3. 衬砌相对渗透性对衬砌水压力折减系数的影响

根据两车道隧道的实际情况,取衬砌内径 $r_0=6m$,衬砌外径 $r_1=6.4m$,$k_m=5\times10^{-5}cm/s$,不考虑注浆,定义 n 为围岩渗透系数与衬砌渗透系数之比,即 $n=k_m/k_1$ 为衬砌相对渗透性。令 $k_m=k_g$,利用式(5-11)可得出衬砌相对渗透性对衬砌水压力折减系数的影响曲线,如图 5-5 所示。

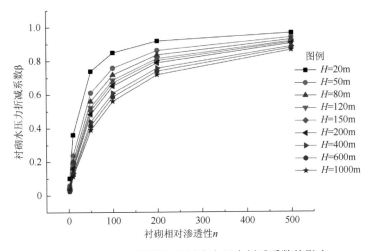

图 5-5 衬砌相对渗透性对衬砌水压力折减系数的影响

由图 5-5 可知:衬砌相对渗透性 n 对衬砌水压力折减系数很大,$H=400m$ 时,当围岩渗透系数与衬砌透系数的比值 n 分别为 2、10、50、100、200、500,衬砌水压力折减系数分别为 0.03、0.14、0.44、0.61、0.76、0.89,说明若采用全封堵型衬砌时,作用在衬砌上的水压力值接近于静止水压力,并不会因为围岩渗透系数小而折减。

例如,广州市地铁某地下工程,设计者认为地下工程围岩渗透系数小、渗透性差,从而在衬砌背后沿全环设置"全包"防水结构,未设排导系统,而在衬砌设计时未考虑水压力,导致地下工程建成后在底部产生贯通的纵向裂缝。实际上,只有采用全排型衬砌,作用在衬砌上的水压力才会为0。

4. 地下工程对衬砌水压力折减系数的影响

取衬砌内径分别为 r_0=4m、5m、6m、7m、8m、10m,衬砌厚度为0.4m,不考虑注浆。令 k_m=k_g,利用式(5-11)可得出不同 n 值下地下工程尺寸对衬砌水压力折减系数的影响曲线,如图5-6所示。由图5-6可知,地下工程半径分别为4m、5m、6m、7m、8m、10m时,有以下计算结果:当 n=10时,衬砌水压力折减系数分别为0.17、0.15、0.14、0.12、0.11、0.09;当 n=100时,衬砌水压力折减系数分别为0.68、0.64、0.61、0.58、0.56、0.52;当 n=1000时,衬砌水压力折减系数为0.955、0.947、0.940、0.933、0.927、0.915。

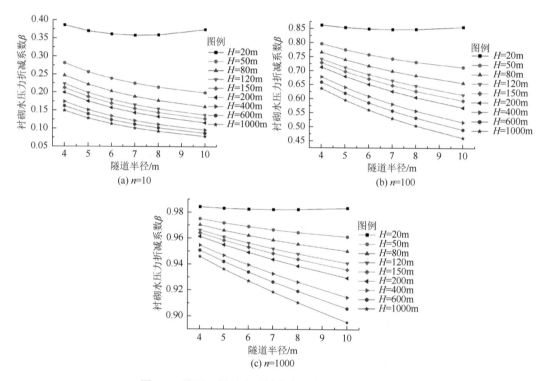

图 5-6　地下工程尺寸对衬砌水压力折减系数的影响

由此可见,n 值较小时,如 n=10、100,地下工程尺寸对衬砌水压力折减系数有一定的影响,但影响不大;而 n 值较大时,如 n=1000,地下工程尺寸对衬砌水压力折减系数的影响可忽略不计。

5. 注浆对衬砌水压力折减系数的影响

对于高水头地下工程,一方面要限制地下水的排放,另一方面要尽量降低作用在衬砌结构上的水荷载,而注浆是解决这一矛盾的最有力措施。下面讨论在围岩中注浆对作用在衬砌上的水压力大小的影响。

取衬砌内径 r_0=6m,衬砌外径 r_1=6.4m,k_m=5×10^{-5}cm/s,H=400,衬砌相对围岩渗透系数考虑 n=50、n=500 两种情况。考虑注浆,定义 m 为围岩渗透系数与注浆围岩渗透系数之比,即 $m=k_m/k_g$。分别利用式(5-8)和式(5-11)得出涌水量、衬砌水压力折减系数与注浆圈厚度的关系曲线,如图 5-7、图 5-8 所示。

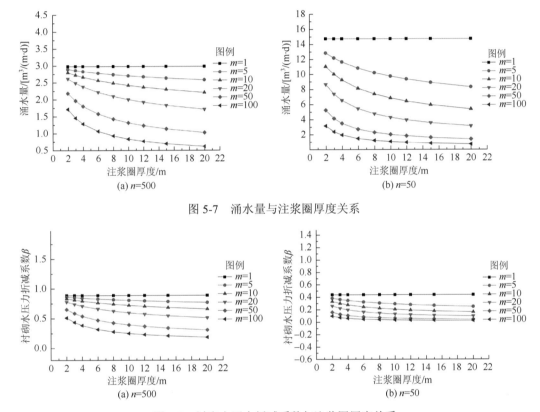

图 5-7　涌水量与注浆圈厚度关系

图 5-8　衬砌水压力折减系数与注浆圈厚度关系

由图 5-7、图 5-8 可知:当 n=50,不注浆时,地下工程涌水量为 14.75m^3/(m·d),对应的衬砌水压力折减系数为 0.44;注浆时,当 m=20 时,注浆圈厚度由 2m 增加到 20m,地下工程涌水量由 8.67m^3/(m·d)减少到 3.17m^3/(m·d),对应的衬砌水压力折减系数由 0.26 减少到 0.09。当 n=500,不注浆时,地下工程涌水量为 2.98m^3/(m·d),对应的衬砌水压力折减系数为 0.89;注浆时,当 m=20 时,注浆圈厚度由 2m 增加到 20m,地下工程涌水量由 2.61m^3/(m·d)减少到 1.71m^3/(m·d),对应的衬砌水压力折减系数由 0.78 减少到 0.51。

上述说明,注浆能有效地限制地下水排放,但当衬砌渗透系数较小时,如 n=500 时,无论围岩的注浆效果有多好(除非 k_g=0,而这是不可能的),均不能使衬砌水压力有明显的折减。水压力的卸载要通过衬砌的排水来实现,即采用对围岩进行注浆的同时,要使衬砌具有一定的透水性,只有这样才能既减小地下水排放量,又降低衬砌水压力作用。

通过建立隧道工程限量排放解析模型及对参数敏感性分析,发现衬砌水压力折减系数对衬砌与围岩相对渗透性 n 最为敏感，当围岩渗透系数一定时，衬砌的渗透性是决定衬砌水压力折减系数大小的主要因素。注浆的作用就是控制地下水排放流量，对于水压力的卸载也要取决于衬砌的渗透性，只要衬砌渗透系数足够小，无论是加大注浆圈厚度，还是降低其渗透系数，都不能起到降低衬砌水压力荷载的作用。

5.2　隧道工程限量排放的标准及确定方法

5.2.1　限量排放的概念

一般地，基于控制排放理念的隧道防排水技术只是笼统地说，通过围岩注浆固结堵水圈、初期支护、防排水网格系统和二次衬砌而组成的复合防排水结构，减小地下水的排放量。至于需要控制的隧道排放量，由于技术、经济和工艺等多方面的原因，总体存在两种现状：①并未明确地指出其隧道排放量多大合适，而仅仅通过注浆堵水的结束控制标准来实现控制排放的目的；②虽已明确交代具体的控制排放量，但往往多通过工程类比法计算获得其值，而其对隧址区域环境的影响则未考虑。

限制排放标准应是一个统一的量标准，但由于各地岩溶地貌及其区域发育特征不同，地下水流通道复杂，各工程特殊性远大于其共性。因此，很难得到一个统一的地下水限制排放标准。各地应通过环境影响、工期影响、结构影响和经济影响系统评估来获得允许排放标准。

5.2.2　限量排放的确定方法

尽管地下工程地下水的排放标准很难做到统一，但仍然有方法可循。大体上，可采用以下方法。

1. 工程类比法

工程类比法主要通过相邻或相似岩溶隧道的类比获得其限排量。

纵观国内外典型隧道工程的地下水排放标准，不同隧道的设计都从使用功能及地质环境等方面有其具体的考虑和规定。通过文献调查发现，水底隧道通常是根据排水设备能力和经济考虑确定允许排放量，而岩溶富水山岭隧道通常是从保护水资源和生态环境角度来确定允许排放量，这二者间的排水量标准存在较大差异。

经统计，国内外典型隧道工程的限制排放标准如表 5-1 所示。

表 5-1　国内外隧道工程限制排放标准统计

序号	隧道名称	区域环境	限量排放/[m³/(m·d)]
1	齐岳山隧道	山顶有多处居民住宅，大量水田	3
2	铁峰山二号隧道	岩溶、裂隙发育区	3
3	明月山隧道	裂隙发育区	0.906
4	雪峰山隧道	山顶有多出居民，大量水田	1
5	歌乐山隧道	地表为重庆市自然生态环境保护区，周边居民 6 万人	1

序号	隧道名称	区域环境	限量排放/[m³/(m·d)]
6	龙潭隧道	岩溶地区	2
7	梨树湾隧道	岩溶地区	1
8	圆梁山隧道	岩溶地区，山顶有多出居民，大量水田	5
9	白云隧道	岩溶地区，山顶有多出居民，大量水田	3
10	马鹿箐隧道	高水压富水隧道	3
11	大瑶山一号隧道	灰岩岩溶、砂岩基岩裂隙发育区	1.0~1.5
12	厦门翔安海底隧道	水下隧道	微风化花岗岩地层：0.0324 软弱地层：0.123
13	营盘路湘江隧道	水下隧道	2
14	胶州湾隧道	水下隧道	0.4
15	冰岛 Hvalfjordur 海底隧道	水下隧道	0.432
16	挪威埃林索伊-瓦尔德里岛隧道	水下隧道	0.432
17	挪威 Byfjord 海底隧道	水下隧道	进口：0.046 出口：0.258
18	挪威 Mastrafjord 海底隧道	水下隧道	进口：0.072 出口：0.012
19	丹麦斯多贝尔特大海峡隧道	水下隧道	0.143
20	日本青函海底隧道	水下隧道	0.2736

在表 5-1 中，重庆市及周边几座隧道在建设中提出了堵水限排的限量排放标准，目的是为了有效防止工程建设对地下水的影响，并确保施工安全。其中，隶属于"四山"地区的歌乐山隧道、梨树湾隧道由于居民众多，要求严格，其允许排放量为 1m³/(m·d)，明月山隧道允许排放量为 0.906m³/(m·d)；渝东南片区的武隆县白云隧道允许排放量为 3m³/(m·d)，圆梁山隧道允许排放量为 5m³/(m·d)；渝东北万州铁峰山二号隧道允许排放量为 3m³/(m·d)。

当设计初缺乏有效手段或数据时，按表 5-1 对重庆市及附近周边地区的隧道统计，排放量可按 1~5m³/(m·d)进行隧道控制排放量控制。具体地，重要保护区的隧道地下水控制排放量，其经验值宜为 1~2m³/(m·d)，较重要保护区的经验值宜为 2~4m³/(m·d)，一般保护区的经验值宜为 4~5m³/(m·d)。上述要求的目的均是为了保护重庆市"四山"地区（缙云山山脉、中梁山山脉、铜锣山山脉、明月山山脉）及周边灰岩发育地区的地下水环境及人居环境。结合上述工程调研与类比，按照周边环境重要性程度，推荐给出重庆市隧道地下水控制排放量标准，如表 5-2 所示。

表 5-2 重庆市隧道内地下水控制排放量

保护对象重要性分区	地下水控制排放量/［m³/（m·d）］
一般区	4~5
较重要区	2~4
重要区	1~2

2. 理论解析法

该方法可基于控制放排水技术方案建立解析模型（详见 5.1.2 小节），其限量排放系统主要采用注浆堵水的方式，并通过由外至内的围岩注浆固结堵水圈、初期支护、防排水网格系统和二次衬砌而组成复合防排水结构（图 5-1）。

根据解析解获得的流量计算公式如下。

1）衬砌前流量

$$Q = \frac{2\pi H k_m}{\ln \dfrac{H}{r_1}} \tag{5-12}$$

2）衬砌后流量

$$Q_2 = \frac{2\pi H k_m}{\ln \dfrac{H}{r_g} + \dfrac{k_m}{k_g}\ln \dfrac{r_g}{r_1} + \dfrac{k_m}{k_l}\ln \dfrac{r_1}{r_0}} \tag{5-13}$$

如果想控制流量 Q 的大小，可通过测定围岩渗透系数 k_m、设定注浆圈的渗透系数 k_g 与衬砌渗透系数 k_l 的相对大小来确定。

该方法简单，所需参数不多。但不足在于假定的围岩为各向同性材料，并服从裂隙渗流的 Darcy 定律，难以考虑向斜构造中存在的各种竖向、横向、斜向管道流，也无法考虑岩溶水的补给与排泄。

3. 解析数值法

该法首先建立隧道排水的水文地质概念模型，采用经验解析法预测其涌水量，然后将涌水量代入隧道围岩渗流的二维剖面模型，模拟排水时围岩渗流场的分布，再采用作用系数方法计算出隧道衬砌的外水压力和渗流量。

$$\begin{cases} \dfrac{\partial}{\partial x}\left| K_{xx} L_{(x,z)} \dfrac{\partial H}{\partial x} \right| + \dfrac{\partial}{\partial z}\left| K_{zz} L_{(x,z)} \dfrac{\partial H}{\partial z} \right| + \sum\limits_i Q_i \delta(x - x_i; z - z_i) = s \dfrac{\partial H}{\partial t}, & t \geq t_0, (x,z) \in D \\ H(x,z,t_0) = H_0(x,z,t_0), & (x,z) \in D \\ H(x,z,t_0) = H_1(x,z,t_0), & (x,z) \in \Gamma_1, \; t \geq t_0 \\ K_{xx}\cos(n,x)\dfrac{\partial H}{\partial x} + K_{zz}\cos(n,z)\dfrac{\partial H}{\partial z} = q(x,z,t), & (x,z) \in \Gamma_2, \; t \geq t_0 \end{cases} \tag{5-14}$$

式中，H 为地下水系统水头；K_{xx}、K_{zz} 为渗透系数；$L_{(x,z)}$ 为隧道轴线方向的含水层长度；Q_i 为经验解析法计算出的隧道涌水量等效到剖分节点上的数值；δ 为狄拉克函数；s 为含水层表面储水系数（给水度）；H_0、H_1 为含水层的初始水位和定水头边界水头；Γ_1、Γ_2 为第一、二类边界；q 为已知流量。

该方法采用的数学模型含有用经验解析法预先给定的隧道涌水量，并且在得到衬砌周围水头后又采用了水工隧道中的折减系数方法，这样得到的渗流场与隧道周围实际所处的渗流场是有区别的，在实际使用该方法时需要注意。

4. 渗流计算方法

根据渗流理论计算水对围岩和衬砌的作用，可以直接通过分析隧道开挖引起的地应力和地下水渗透对围岩和衬砌的耦合作用，进而得到涌入隧道内的水量大小。

该方法的优点是考虑到的渗流参与条件多，在能够得到这些条件时，通过该方法可得到较为准确的结果；该方法的不足是计算需要的参数较多、假设较多，同时计算较为复杂，实际工程中使用时需要注意这些难点。

渗流模型假定：①衬砌内壁的水头假定为 0；②忽略开挖及衬砌过程的施工活动对水头的扰动；③隧道周边围岩内的渗流为稳定的三维各向异性渗流。

在该假定下，服从达西定律的三维各向异性稳定渗流域 Ω 内的水头函数 H，满足下列偏微分方程：

$$\sum_{i=1}^{3} \frac{\partial}{\partial x_i} \sum_{j=1}^{3} k_{ij} \frac{\partial H}{\partial x_j} = 0 \qquad (\Omega内) \tag{5-15}$$

式中，k_{ij} 为渗透张量。相应的边界条件如下。

水头边界：

$$\begin{aligned} H\big|_{\Gamma_1} &= h_1 \\ -k_n \frac{\partial H}{\partial n}\bigg|_{\Gamma_2} &= q \end{aligned} \tag{5-16}$$

式中，Γ_1 为上、下游及渗出面边界之和；Γ_2 为不透水边界、潜流边界、补给边界、自由边界等之和；n 为 Γ_2 的外法向；k_n 为 n 向的渗透系数。式（5-5）就是饱和稳定渗流的控制方程。

渗流分析把围岩看为均质、孔隙介质或存在较小的裂缝，并且纵横交错分布，在该条件下是比较合理的；但深埋隧道的地质条件、水文条件都非常复杂，有溶洞、大的裂隙和管道流，因此渗流理论和耦合作用就不完全适用，需要用到管道流理论和裂隙流理论。

5. 基于生态水位的监测反馈法

除了上述几种方法外，还可以利用基于生态水位的监测反馈法。

地下水是通过影响包气带土壤水分和盐分来间接影响天然植物的生长状态，一个地区的合理地下水生态水位，应在一个区间内，可以用上限和下限来表征。据调查，歌乐山地区的生态水位在地下 3.5～5m。当隧道穿越岩溶段或富水段的地下水水位监测孔时，通过分析孔内水位变化及隧道内用水量大小，可初步判断地下水水位，并以此确定隧道注浆后的限制排放量大小。

该方法应与水文地质分析方法相结合，所需资料较多，工作周期长。

5.3　地下水限量排放的应用

5.3.1　工程概况

石板隧道横穿中梁山，北侧距成渝高速中梁山隧道约 8.30km，南侧距华福隧道 4.85km，项目所处位置如图 5-9 所示，隧道主要设计指标见表 5-3。

图 5-9　项目区位示意图

表 5-3　隧道主要设计指标

工点名称		里程桩号/m	设计高程/m	长度/m
石板隧道	左线	ZK0+970～ZK5+847	303.3～256.7	4877
	右线	YK0+960～YK5+843	303.3～256.6	4883

石板隧道横穿中梁山，中梁山是以观音峡背斜轴部隆起为主体的"背斜脊状山"。地貌形态受地质构造和岩性制约，呈"一山两槽三岭"形态（图 5-10）。中梁山顶部受碳酸盐岩溶蚀作用的影响，形成了曾家磅和水口庙两条高位岩溶槽谷，山体两侧坡均具上陡下缓形态，坡面为折线，坡角为 30°～40°，局部较陡，达到 80°。

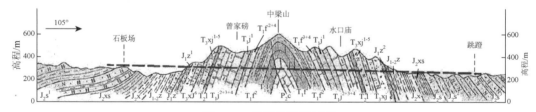

图 5-10　地形及地层剖面

线路起点木厂沟一带地面高程为 259m，终点杨家桥一带地面高程为 238.6m。西翼槽谷曾家磅一带地面高程为 500.4m，东翼槽谷水口庙一带地面高程为 427.5m。最高点四方井一带地面高程为 680.3m。线路地面相对最大高差达 442m。

隧道沿线主要穿越二叠系的茅口组、龙潭组、长兴组、三叠系的飞仙关组、飞仙关组、嘉陵江组、雷口坡组、须家河组地层，侏罗系的珍珠冲组、自流井组、新田沟组、下沙溪庙组。

按地层岩性的地质类型和特征可将隧址区内岩性组段划分为 6 个类型。

（1）坚硬的块状砂岩类型：主要为须家河组的厚层状中-粗粒砂岩夹薄层泥、粉砂岩。分布于背斜两翼。

（2）软质-坚硬的层状泥岩夹砂岩类型：主要为珍珠冲组的泥页岩、粉砂岩夹中粗粒砂岩，厚层状。分布于背斜两翼。

（3）软质的层状泥岩岩类：主要为下沙溪庙组地层，岩性以泥岩、泥质粉砂岩为主，夹中-厚层状和厚层状砂岩。分布于背斜两翼。

（4）软质的薄层状泥页岩岩类：主要为龙潭组、飞仙关组、自流井组、珍珠冲组地层，岩性为粉泥岩、钙质泥岩、页岩夹粉砂岩、砂岩，岩层层理发育，以薄层状构造为主。岩体整体强度低，泥岩遇水软化，是工程地质条件比较差的岩类。分布于背斜两翼及核部。

（5）坚硬的弱岩溶化岩类：主要为飞仙关组、嘉陵江组、雷口坡组地层。岩性为灰岩、白云岩、生物碎屑灰岩、泥质灰岩、角砾状灰岩。多为中厚层状-块状，局部为薄层状构造，岩体坚硬，岩溶不太发育。

（6）坚硬的强岩溶化岩类：主要为茅口组、长兴组、嘉陵江组地层。岩性为块状灰岩、白云岩夹泥质白云岩、白云质灰岩、微晶灰岩、盐溶角砾岩。中厚-厚层块状构造，节理裂隙及岩溶发育，岩体坚硬。分布于背斜两翼及核部。

5.3.2　水文地质

1. 水文地质单元划分

线路区所在的中梁山山脉横向上被地形切割，纵向上被长江、嘉陵江及其支流切割。受观音峡背斜的影响，纵向上地下水向南北两端径流。

根据水文地质调查，在线路以北约 4.5km 的白市驿镇、狮子岩，重庆市东站一带，地表水开始南北分流。观音峡背斜轴部龙潭地层在这一带开始向南北两个方向倾没。结合临近隧道的水文地质工作成果，综合分析确定这一带为水文地质单元小区分水岭。

地下水分水岭与地表分水岭基本一致，地下水呈条带状分布于背斜轴部，本线路区地下水由北向南作纵向径流和排泄。线路区内地下水主要排泄到长江。

2. 水文地质参数

根据现场地质条件，在水文试验数据的基础上本书参考收集了相邻隧道的水文参数及地区经验，各岩层的渗透系数见表 5-4。

表 5-4　推荐采用的各岩性层渗透系数

地层	T_3xj	T_1j-T_2l	T_1f 灰岩	P_2c 灰岩
渗透系数/（m/d）	0.07	0.25	0.19	0.25

5.3.3　设计与施工方案

石板隧道设计方提出的技术要求如下。

（1）隧道施工方案应贯彻"以堵为主、限量排放、有效利用"的原则，尽量不破坏山体的地下水循环：①防水施工，采取超前预测预报，超前堵水措施，尽量减少对泉水的影响。②透水层与相对隔水层面和隧道局部岩溶裂隙发育的地下水富水地段，采用超前注浆或结合地形、富水情况采用径向注浆堵水；对地下水较丰富的路段，加密环向盲沟间距，限量排放。③隧道施工应制定完善的施工方案，对围岩应进行超前预注浆处理，加固围岩，形成止水帷幕，注浆效果达到预定要求后方可继续开挖。加强对软弱围岩和断层破碎带的支护，严密监测隧道的涌水量与位移量。

（2）堵水。根据超前钻孔探水的结果，分别采取不同的措施进行下一循环工作，当探水孔有 6 孔出水且总水量大于 5m³/h 时，采用全断面堵水注浆（预注浆）；当总水量小于 5m³/h，但个别孔出水量大于 1m³/h 时，采用局部堵水注浆（预注浆）；当 6 孔出水量均小于 1m³/h 且总出水量小于 5m³/h 时，进入下一循环。隧道开挖后地层裂隙水较大，周边存在大面积淋水或严重渗漏水，对地表生态环境影响较严重，但围岩稳定性较好，不影响掘进时，可采用小导管注浆堵水。预注浆的目的是防止岩溶及富水段发生突水突泥，确保施工安全；后注浆的目的是确保隧道建设对生态不产生大的影响。

（3）全断面预注浆。隧道设计的注浆段长度为 30m，分三环实施，第一环长 12m，第二环长 20m，第三环长 30m，每个注浆段完成后留 6m 不开挖并将其作为下一注浆段的止浆岩盘。根据探水钻孔探明的出水点位置，可调整注浆长度，注浆孔孔径 $r=108$mm，开孔孔径为 150mm；注浆范围为隧道开挖轮廓线外 6m，单孔注浆有效扩散半径 $R=3.6$m，注浆孔底中心距 $D=1.5R=5.4$m，注浆最终压力为静水压力的 2～3 倍；岩层破碎地段采用前进式注浆，注浆分段长度为 5～10m，岩层较好，涌水不大时，可一次全孔注浆；注浆材料采用水泥-水玻璃双液浆液，水泥为 32.5 普通硅酸盐水泥，水灰比 $W/C=0.6$～1.1，水玻璃波美度 30～40Be，双液体积比 $C/S=0.7$～1.4，凝胶时间根据现场情况确定。

5.3.4　隧道限排量计算

1. 基本假定

在模拟计算时采用了以下假设。

（1）在考虑较大区域时，将渗透系数简化为均值时对最后结果影响不大，所以在进行整个隧道渗流计算时，可将整个区域概化为具有相同等效渗透系数的均质体。

（2）隧道上覆岩体厚度较大，属于深埋隧道，而洞顶地下水位于地表某个深度以下，因此可以假设上覆岩体在地下水水位以下部分为饱和状态，地下水水位以上区域为非饱和状态，计算时主要考虑饱水岩体区域的渗流计算，非饱和区域考虑作为山体植被蒸腾作用和毛细水不参与地下渗流。

2. 计算段落选取

计算采用 Mdas 建立渗流计算模型。根据地勘结论，（ZK1+746）～（ZK2+378）m 段为嘉陵江 T_1j 组和雷口坡组 T_2l 强岩溶发育带，隧道左线地质纵断面见图 5-11。本段埋深约为 200m，岩性以灰岩和白云质灰岩为主，出露面积达 3km^2，为本隧道最大岩溶出露面积段，在纵向 632m 的长度上预测涌水量达 6602m^3，每延米为 10.5m^3。预测静水压力值为 1.47MPa，折减后水压力值为 0.96MPa。计算建立的渗流有限元数值模型主要也是结合该区段进行，建模时考虑的横向排水管间距设计值为 5～10m。隧道设计排水系统如图 5-12 所示。

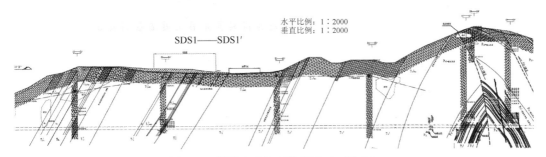

图 5-11　隧道左线地质纵断面（西槽谷）

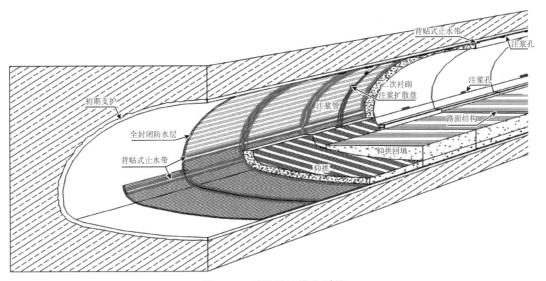

图 5-12　隧道设计排水系统

3. 计算模型

计算时采用第一类边界条件，即已知边界水头，计算各排水孔的渗流量，其中左右边界为不排水边界，上边界为透水边界，下部将环向盲管口设置为排水边界，其余部位设置为不排水边界，数值计算模型如图 5-13 所示。

排水口的布置如图 5-13（c）所示，根据设计资料将隧道纵向盲管排水口布置在隧道两侧拱脚附近，盲管直径为 Φ110mm，按两种间距设置，预计水量较大位置的纵向间距为 5m，预计水量较小位置的纵向间距为 10m。

4. 计算工况

按照设计的防排水系统进行计算，其环向盲管在隧道纵向间距为 5m 和 10m。计算工况设计见表 5-5。

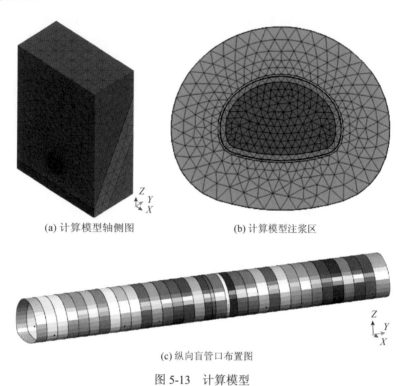

(a) 计算模型轴侧图　　　　　　　　　(b) 计算模型注浆区

(c) 纵向盲管口布置图

图 5-13　计算模型

表 5-5　计算工况表

泄水孔间距 $d=10m$， 承压水头 $h=20m、40m、50m、60m$						泄水孔间距 $d=5m$， 承压水头 $h=20m、40m、50m、60m$		
	$K_2/(10^{-4}m/s)$			$K_2/(10^{-4}m/s)$			$K_2/(10^{-4}m/sec)$	
$K_1=1\times10^{-4}$ m/s	0.01	工况 1	$K_1=5\times10^{-4}$ m/s	0.01	工况 20	$K_1=1\times10^{-4}$ m/s	0.01	工况 39
	0.02	工况 2		0.02	工况 21		0.02	工况 40
	0.03	工况 3		0.03	工况 22		0.03	工况 41
	0.04	工况 4		0.04	工况 23		0.04	工况 42
	0.05	工况 5		0.05	工况 24		0.05	工况 43
	0.06	工况 6		0.06	工况 25		0.06	工况 44
	0.07	工况 7		0.07	工况 26		0.07	工况 45
	0.08	工况 8		0.08	工况 27		0.08	工况 46
	0.09	工况 9		0.09	工况 28		0.09	工况 47
	0.1	工况 10		0.1	工况 29		0.1	工况 48

续表

泄水孔间距 $d=10$m，承压水头 $h=20$m、40m、50m、60m						泄水孔间距 $d=5$m，承压水头 $h=20$m、40m、50m、60m		
$K_1=1\times10^{-4}$ m/s	0.2	工况 11	$K_1=5\times10^{-4}$ m/s	0.2	工况 30	$K_1=1\times10^{-4}$ m/s	0.2	工况 49
	0.3	工况 12		0.3	工况 31		0.3	工况 50
	0.4	工况 13		0.4	工况 32		0.4	工况 51
	0.5	工况 14		0.5	工况 33		0.5	工况 52
	0.6	工况 15		0.6	工况 34		0.6	工况 53
	0.7	工况 16		0.7	工况 35		0.7	工况 54
	0.8	工况 17		0.8	工况 36		0.8	工况 55
	0.9	工况 18		0.9	工况 37		0.9	工况 56
	1.0	工况 19		1.0	工况 38		1.0	工况 57

注：①部分工况未列出，如 $h=40$m、50m 和 60m，$d=10$m，共计 228 种工况；②表中 K_1、K_2 分别对应的是模型泄水孔介质渗透系数和隧道注浆围岩体等效渗透系数。

5. 计算结果分析

1）纵向盲管间距-孔隙水压力及流线的关系

渗流计算模型如图 5-14 所示。

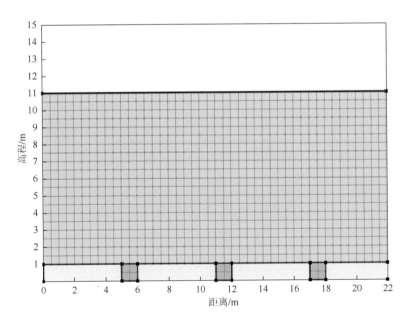

图 5-14　渗流计算模型（纵向盲管设置）

图 5-15 为将等效均质体概化后的孔隙水压力等值线图，从图 5-15 中可以看出随着距泄水孔距离的减少（5m），孔隙水压力在模型上部边界处基本处于均匀分布状态，孔隙水

压力等值线基本相互平行；随着与横向排水孔距离的进一步减少，孔隙水压力等值线逐渐变成非线性，并且孔隙水压力梯度也迅速增大。

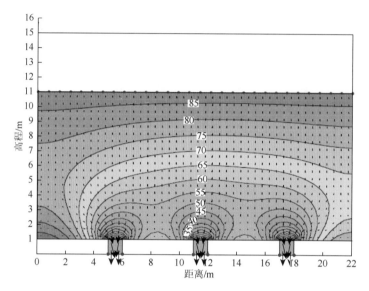

图 5-15　孔隙水压力等值线

　　图 5-16、图 5-17 分别为渗流路径图、y 方向速度分布图。从渗流路径图可以看出，在重力作用下，流线基本与上、下渗流边界正交，泄水孔流线发生曲转。与此对应，渗流速度场在泄水孔远场范围梯度较小，方向基本平行，在泄水孔附近有明显的偏转。

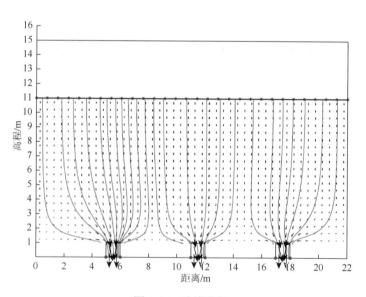

图 5-16　渗流路径

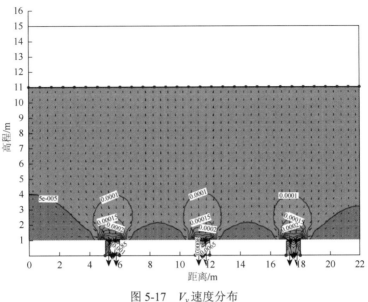

图 5-17　V_y 速度分布

2）隧道纵向孔隙水压力分布

开挖后渗透层隙水压力等值线如图 5-18 所示。

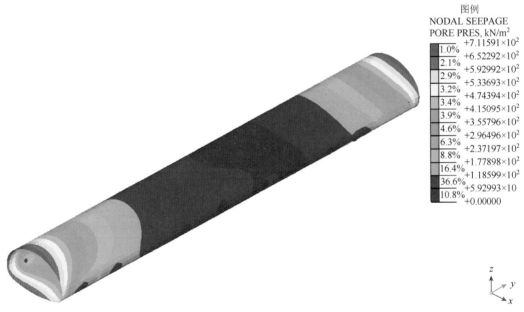

图 5-18　开挖后渗透层隙水压力等值线

孔隙水压力的纵向分布规律和水力边界效应结果如图 5-19 所示。分析图 5-19，可以得到以下规律。

（1）对于拱顶的孔隙水压力，在隧道 35～65m 处受边界效应的影响不明显，衬砌周围的孔隙水压力状态稳定。

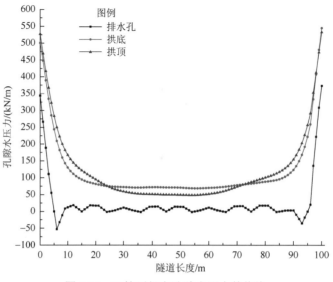

图 5-19　开挖后纵向孔隙水压力数值线

（2）拱底的孔隙水压力较拱顶受水力边界效应的影响有所减小，在距隧道 20～80m 处受边界效应的影响不明显，衬砌周围的孔隙水压力状态稳定。

（3）对于排水孔标高的孔隙水压力，受水力边界效应的影响最小，在隧道 15～85m 受边界效应的影响不明显，并在排水口与排水口之间呈现有规律的波动变化。

（4）相比初始水压力 550～710kPa，由于横向排水盲管的存在，隧洞周边水压力维持在 50～100kPa，仰拱底部压力约为 75kPa，盲管排水口压力基本为 0。

6. 限制排放量的确定

通过改变横向盲管排水口的渗透系数 K_1 及间距 d、围岩注浆圈的渗透系数 K_2、水头高度 h，可计算出组合工况下的隧道每延米渗流量。

各种工况条件下的渗流量计算结果见表 5-6、表 5-7。

图 5-20～图 5-22 为各工况下围岩渗透系数和每延米日渗流量的关系曲线。

表 5-6　渗流量计算结果汇总表

$K_2/10^{-4}$	$K_1=1\times10^{-4}$m/s，$d=10$m，$h=20$m			$K_2/10^{-4}$	$K_1=1\times10^{-4}$m/s，$d=10$m，$h=40$m		
	项目	瞬时流量/（10^{-4}m³/s）	每延米日渗流量/[m³/(d·m)]		项目	瞬时流量/（10^{-4}m³/s）	每延米日渗流量/[m³/(d·m)]
0.01		0.14	0.12	0.01		0.27	0.24
0.02		0.27	0.24	0.02		0.54	0.47
0.03		0.41	0.35	0.03		0.81	0.70
0.04		0.54	0.46	0.04		1.07	0.93
0.05		0.67	0.58	0.05		1.33	1.15
0.06		0.79	0.69	0.06		1.59	1.37
0.07		0.92	0.80	0.07		1.84	1.59
0.08		1.05	0.90	0.08		2.09	1.81

续表

$K_1=1\times10^{-4}$m/s, d=10m, h=20m			$K_1=1\times10^{-4}$m/s, d=10m, h=40m		
项目 $K_2/10^{-4}$	瞬时流量/ （10^{-4}m^3/s）	每延米日渗流量 /[m^3/(d·m)]	项目 $K_2/10^{-4}$	瞬时流量/ （10^{-4}m^3/s）	每延米日渗流量 /[m^3/(d·m)]
0.09	1.17	1.01	0.09	2.34	2.02
0.1	1.29	1.11	0.1	2.58	2.23
0.2	2.42	2.09	0.2	4.83	4.18
0.3	3.41	2.95	0.3	6.83	5.90
0.4	4.30	3.72	0.4	8.60	7.43
0.5	5.10	4.41	0.5	10.20	8.81
0.6	5.82	5.03	0.6	11.63	10.05
0.7	6.47	5.59	0.7	12.94	11.18
0.8	7.06	6.10	0.8	14.13	12.20
0.9	7.60	6.57	0.9	15.21	13.14
1.0	8.11	7.00	1.0	16.21	14.01

表 5-7　渗流量计算结果汇总表

$K_1=1\times10^{-4}$m/s, d=5m, h=20m			$K_1=1\times10^{-4}$m/s, d=5m, h=40m		
项目 $K_2/10^{-4}$	瞬时流量/ （10^{-4}m^3/s）	每延米日渗流量 /[m^3/(d·m)]	项目 $K_2/10^{-4}$	瞬时流量/ （10^{-4}m^3/s）	每延米日渗流量 /[m^3/(d·m)]
0.01	0.10	0.18	0.01	0.20	0.35
0.02	0.20	0.35	0.02	0.41	0.70
0.03	0.30	0.52	0.03	0.61	1.05
0.04	0.40	0.70	0.04	0.81	1.39
0.05	0.50	0.87	0.05	1.00	1.73
0.06	0.60	1.03	0.06	1.20	2.07
0.07	0.69	1.20	0.07	1.39	2.40
0.08	0.79	1.36	0.08	1.58	2.73
0.09	0.88	1.53	0.09	1.77	3.05
0.1	0.98	1.69	0.1	1.95	3.38
0.2	1.86	3.22	0.2	3.73	6.44
0.3	2.67	4.62	0.3	5.35	9.24
0.4	3.41	5.90	0.4	6.83	11.80
0.5	4.09	7.07	0.5	8.19	14.15
0.6	4.72	8.16	0.6	9.44	16.31
0.7	5.30	9.16	0.7	10.60	18.31
0.8	5.84	10.08	0.8	11.67	20.17
0.9	6.34	10.95	0.9	12.67	21.89
1.0	6.80	11.75	1.0	13.60	23.50

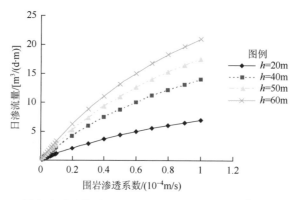

图 5-20　围岩渗透系数-每延米日渗流量（$K_1=1\times10^{-4}$m/s，$d=10$m）

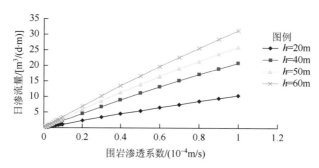

图 5-21　围岩渗透系数-每延米日渗流量（$K_1=5\times10^{-4}$m/s，$d=10$m）

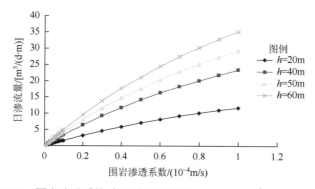

图 5-22　围岩渗透系数-每延米日渗流量（$K_1=1\times10^{-4}$m/s，$d=5$m）

（1）在相同工况下，围岩渗透系数的大小对瞬时渗流量和日渗流量影响显著。以 $d=10$m，$K_1=1\times10^{-4}$m/s，$K_2=2\times10^{-5}$m/s，堵水效果良好（总水头 $h=20$m）（工况 11）和堵水效果较差（总水头 $h=60$m）比较时可以发现，瞬时渗流量和日渗流量减少达 59.9%，由此可见，通过对围岩体外围注浆处理，形成的较为完整的堵水圈对控制隧道围岩渗流控制起决定性作用。

（2）排水孔渗透系数对渗流量变化规律影响有限。比较图 5-20（$K_1=1\times10^{-4}$m/s）和图 5-21（$K_1=5\times10^{-4}$m/s）可以看出：瞬时渗流量和日渗流量由非线性增长转为近似线性增长，但在计算工况中二者峰值的误差不超过 6%，这表明在围岩处理效果相同时，排水孔的堵水效应也十分有限。

（3）根据不同泄水孔孔距计算得到的围岩渗透系数-每延米日渗流量关系曲线可以看出，随着孔距的减小，渗流量呈增加趋势，当 $K_1=1\times10^{-4}$m/s、$K_2=2\times10^{-5}$m/s 时，通过比较堵水效果良好（总水头 h=20m）和堵水效果较差（总水头 h=60m）条件的渗流量可以发现渗流量减小 66%，原因是孔距的增加，使渗流路径延长进而影响地下水的渗流梯度并最终使渗流量减小。因此建议泄水孔的设置采用规范推荐的上限值。

（4）工程中可按照每延米日泄流量 Q=1～5m^3/(d·m)进行排水控制。根据各工况计算结果，建议石板隧道围岩注浆处理后的围岩岩体渗透系数 K_2 最大不能超过 2×10^{-5}m/s。有条件时可适当进行现场渗透水压力测试以获得现场岩体渗透系数和校正计算结果。

第6章 隧道工程地下水控制排放技术

限量排放是隧道防排水技术的更高级阶段，其排放标准是通过环境影响、工期影响、结构影响和经济影响等方面的系统评估来获得。因此在获得本地区限量排放标准后，如何通过工程措施实现限量排放是需要解决的问题。

6.1 分类与设置原则

6.1.1 隧道防排水技术的分类

单纯地为了防排水而设计防排水是不能解决问题的，综合运用设计理念、施工工艺、开发应用新材料等才是解决问题的正确思路。

当前，隧道防排水技术主要有三种类型：一是从围岩、结构和附加防水层入手，体现以防为主的全封闭式防水；二是从疏水着手，体现以排为主的泄水型或引流自排型防水，又称半封闭式防水；三是采取有效措施，实现防排结合的控制排放型的防排水。

全封闭式防水（图 6-1）适用于对保护地下水环境、限制地层沉降要求高的工程，可以为隧道结构的耐久性提供极为重要的环境条件，也可以为隧道安全运营提供极为重要的环境条件；但全封闭式防水不仅直接造价高，而且靠现有技术在很多条件下是不可行的。

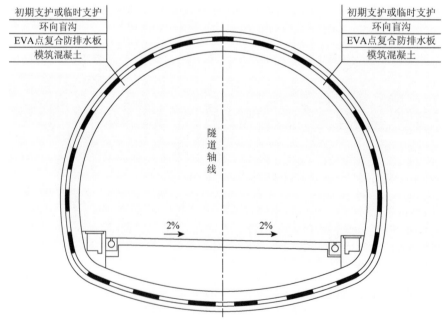

图 6-1 全封闭式防排水体系示意图

半封闭式防水（图 6-2）适用于对保护地下水环境、限制地层沉降没有严格要求的工程，结合其他必要的辅助措施和设备，也可以为隧道结构的耐久性以及安全运营提供良好环境条件；虽然这种方式的直接造价相对不高，但运营维护成本相对较高。

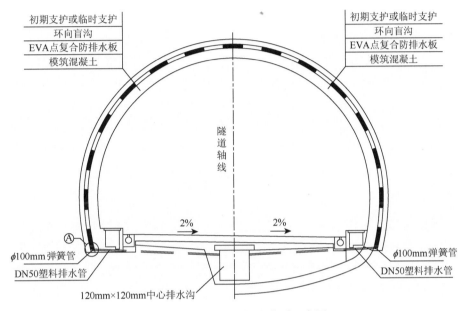

图 6-2　半封闭式防排水体系示意图

控制排放型防排水，是近年来既要降低全封闭式防水的成本，又要满足地下水环境保护，限制地层沉降而出现的一种新型的隧道防水措施。在半封闭式防水的基础上，可以根据对水位和地层变形的监测数据，及时自动或半自动地调整排水量，达到既降低了一次性造价，又维持了地下水平衡的目的。

6.1.2　控制排放技术的设置原则

控制型防排水原则，是在相关堵水技术的支持下，适量排放地下水，将作用在衬砌上的水压力减少到其可以承受的水平，同时保持地下水水位的动态稳定，尽量避免地下水环境的恶化，从而实现隧道周围地下水环境的可持续发展。

6.2　注浆堵水技术

6.2.1　围岩注浆的作用

1. 对岩体力学性能的改善

1）提高弹性模量

围岩在进行注浆加固以后，围岩一般的弹性模量都能提高到 30% 以上，有的甚者能提高 375%，这极大地改善了围岩的变形性能。

2）提高黏聚力和摩擦角

苏联对后注浆加固围岩的力学过程进行了理论分析和现场测试。结果表明，注浆后岩石的黏结力增加 40%～70%，平均增加 50%。一般认为，对于岩体的黏聚力和内摩擦角都能提高 20%甚至 30%以上。提高围岩的力学参数为顺利安全地完成施工创造了条件。

2. 对岩体渗透性能的改善

隧洞围岩灌浆，是利用高压把浆液充填到岩体裂隙中，通过浆液的凝固结石，减小裂隙的宽度，增加裂隙的粗糙度，并且裂隙面受到灌浆压力作用而被压紧，变为闭合状态，达到减小围岩渗透系数，降低围岩渗透性的作用。这一点早已在天荒坪、广蓄等工程中得到证实。有数据表明，根据天然岩体性质的不同，灌浆后围岩的渗透系数可以降低 1～2 个数量级。围岩的注浆实践表明，注浆结束后围岩的透水系数一般能变为原来围岩透水系数的 0.1%～0.5%。

3. 降低涌水量

当隧道围岩节理裂隙分布比较均匀，裂隙间距远远小于隧道断面，且隧道地下水水位远远大于隧道断面时，可以假定围岩为均质各向同性。根据达西定律、轴对称原理和水流连续性方程可知，当隧道采取如图 6-3 所示的设计模型时，隧道内的涌水量公式如下：

$$Q = \frac{2\pi H k_r}{\ln\dfrac{r_2}{r_g} + \dfrac{k_r}{k_1}\ln\dfrac{r_1}{r_0} + \dfrac{k_r}{k_g}\ln\dfrac{r_g}{r_1}} \qquad (6\text{-}1)$$

式中，Q 为隧道每延米的排水量；h_0 为衬砌内表面水头；h_1 为衬砌背后水头；h_g 为注浆圈外表面水头；h_r 为围岩表面水头；k_1 为衬砌渗透系数；k_g 为注浆圈渗透系数；k_r 为围岩渗透系数；r_0 为衬砌内半径；r_1 为衬砌外半径；r_g 为注浆圈半径；r_2 为围岩远场半径；γ_w 为水的容重；H 为隧道位置静水头。

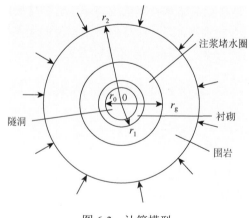

图 6-3　计算模型

如果不进行注浆加固，即令式（6-1）中 $k_g=k_r$、$r_g=r_1$，则式（6-1）可简化为

$$Q=\frac{2\pi Hk_r}{\ln\dfrac{r_2}{r_1}+\dfrac{k_r}{k_1}\ln\dfrac{r_1}{r_0}}\qquad(6-2)$$

分析式（6-1）和式（6-2）可知。

（1）k_g 越小，Q 值越小，即注浆加固圈的渗透性越差，隧道排放量越小。

（2）r_g 越大，Q 值越小，即注浆加固圈的厚度越大，隧道排放量越小。

（3）实施注浆后，可以减少隧道的排放量。

综上所述，对围岩进行注浆可以起到以下作用。

（1）可以固结隧道周边的破碎岩石，提高隧道防水性，使其形成一定厚度的止水圈。

（2）加固破碎岩体，改善岩体的内聚力和内摩擦角等力学参数。

（3）可以充填隧道衬砌背后的大空洞和大空隙，改善支护衬砌的受力条件。

（4）岩体中存在互相连通的裂隙，在裂隙中注浆，可以封堵或减少裂隙中的渗水，达到保护地下水资源的目的。

（5）由注浆而形成的围岩止水圈和加固岩层的双重作用，可以充分发挥围岩岩体和衬砌共同承担水压和地压的性能。

6.2.2　注浆堵水总体原则

1. 高压水的处理

高压水的处理一般需要一定的时间，当高压水出露后，对其不仅可进行正面封堵，同时还可进行绕避施工。绕避施工不是盲目的，应提前对绕避位置进行全面系统的物探和超前钻探，尽可能地掌握掌子面前方的高压水裂隙、管道走向、水流方向等信息，以达到绕避施工通过的目的。

由于高压封堵注浆出水点可能发生在探孔、炮眼或掌子面上，因此要考虑不同的封堵方法。例如，考虑加宽、加深洞内的排水沟；施工混凝土挡水墙、预埋钢管等排水管；采用化学浆液与普通浆液相结合的方法；利用 TSP、地质雷达或超前探孔判断管道的分布方向；利用超前探孔注染料的方法判定水流方向等措施和手段。最终达到针对高压水的分流减压、有的放矢、封堵注浆堵水技术。

2. 低压水的处理

低压注浆封堵，可采用一般浆液，如水泥-水玻璃双液浆、防冲高胀浆液（水泥加粉煤灰制成塑状，在流速小于 1m/s 时可用）。若在超前探孔或炮孔处遇到大流量（≥100l/s）低压水时，宜停止掘进而进行超前封堵预注浆；若遇到小流量低压水时可继续开挖掘进，待掘进后处理。对于掘进后的洞壁裂隙出水和渗滴水，若洞壁裂隙出水较大，普通帷幕注浆无法解决，可先采用化学浆液对裂隙出口进行封堵后再作处理。

6.2.3　注浆材料的选择

1. 注浆材料的比选

目前所用的注浆材料按注浆原材料种类可分为两大类：一类是粒状材料，粒状注浆材料有水泥浆液、超细水泥浆液、水泥基双液浆、黏土浆液、水泥-黏土浆液、水泥-粉煤灰-膨润土复合浆液等；另一类是化学材料，化学注浆材包括水玻璃类、丙烯酰胺类、聚氨酯类、丙烯酸盐类、木质素类、脲醛树脂类、环氧树脂类等。

各种浆材的综合性能比较如表 6-1 所示。

表 6-1　常规浆材综合性能表

材料品种	综合性评价
普通水泥+早强剂	水泥浆由水泥和水经混合搅拌而制成，为了改进浆液早期强度，在浆中加入少量的早强剂。虽然水泥浆液结石体抗压强度高、抗渗性能好，但是因水泥浆浆液是一种颗粒状的悬浮材料，故受水泥颗粒粒径的限制，通常用于粗砂层的加固。该材料在致密土体中注浆扩散的机理是以劈裂的方式进入地层。每立方浆材约为 1000 元
普通水泥+速凝剂	水泥浆由水泥和水经混合搅拌而制成，为了促进浆液的快速凝结，在浆中加入少量的速凝剂。水泥浆液结石体抗压强度高、抗渗性能好，但是水泥浆液是一种颗粒状的悬浮材料，受到水泥颗粒粒径的限制，通常用于粗砂层的加固，该材料在致密土体中的注浆扩散机理则是以劈裂的方式进入地层。每立方浆材约为 1000 元
含水细砂型特种注浆材料	适用于粉细砂层、淤泥质软土层、高应力软弱破碎围岩的堵水加固，特点是对地层扰动小，加固作用明显。可在致密土体、淤泥质软土中形成树根状浆脉，并形成很好的网状胶结体，在加固土体过程中自然堵水，早期强度高，与同类材料相比，其堵水率和加固效果明显；成本略高于普通水泥浆材，是普通水泥浆材的 2～3 倍
超细水泥注浆材料	适用于粉细砂地层，黏土含量低于 2% 的地层，可采用超细水泥浆液，此材料仅适用于细小裂隙地层中的渗透注浆，对于水量、水压较大，有早强要求的注浆工程不适宜；成本略高于普通水泥浆材，是普通水泥浆材的 2～3 倍
复合注浆材料（普通水泥+粉煤灰+早强剂）	将粉煤灰掺入到水泥浆液中，取代部分水泥，可以改善浆液和易性，分散水泥颗粒，能降低用水量，粉煤灰的掺入可增加浆液的流动性。由于粉煤灰的后期效应对浆液结石体早期强度影响较大。因此，其掺量不宜过高。该复合注浆材料的结石强度和黏结力都比较低，抗渗透和耐冲蚀的能力很弱，故仅在低水头的防渗工程上才考虑采用。水泥+粉煤灰浆浆液较单液水泥浆液成本低，比纯水泥浆略便宜
复合注浆材料（普通水泥+膨润土）	将膨润土掺入到水泥浆液中，取代部分水泥，可以改善浆液和易性，增加浆液的稠度，水泥-膨润土浆的微小颗粒在水中分散，并与水泥复合形成半胶体悬浮液。浆液的结石强度和黏结力都比纯水泥浆低，抗渗透和耐冲蚀的能力很弱，故仅在低水头的防渗工程上才考虑采用。水泥+膨润土浆液的成本与单液水泥类浆液成本接近
水泥基双液快凝抗流失注浆材料	水泥基双液快凝抗流失特种注浆料为全无机材料，可以替代水泥-水玻璃双液浆，适用于处理强涌水、突水地质的隧道全断面帷幕注浆工程。浆液可速凝，流动性、抗分散性、可注性好，进入水中浆液不分散、堵水效率高；可以在浆液流动状态堵水，注入地层后的均匀性好，能固结深部地层，使其达到足够的结构抗压强度；固化时微膨胀可补偿收缩，早期强度高、后期强度不倒缩、耐久性好；可双液注浆也可单液注浆。双液注入时（单液制浆后可放置 1 小时以上不凝固），材料在孔口混合、快凝止水，单、双液的凝结时间均可控、可调；对环境无污染、抗硫酸盐侵蚀、不会发生酸环境分解。成本略高于普通浆材，是普通水泥浆材的 2～3 倍
丙烯酸化学浆液（国产）	控制各种疏松土壤的水渗入，稳固和凝固疏松的土壤，可用于帷幕灌浆；浆液的低黏度可以确保灌浆深入渗透到微细缝的土壤中；其聚合体具有很低的渗透力，可防止水的侵入；聚丙烯酸盐树脂没有毒性，不含游离丙烯酰胺，对环境无污染。堵水效果好，强度低，成本较高，约是普通水泥浆材的 30 倍
丙烯酸化学浆液（进口）	控制各种疏松土壤的水渗入，稳固和凝固疏松的土壤，可用于帷幕灌浆；浆液的低黏度可以确保灌浆深入渗透微细缝的土壤中；其聚合体具有很低的渗透力，可防止水的侵入；聚丙烯酸盐树脂没有毒性，不含游离丙烯酰胺，对环境无污染。堵水效果好，强度低，成本很高，约是普通水泥浆材的 150 倍

结合工程检验，通常注浆材料的选用原则如下。

（1）围岩裂隙发育，可注性好、水压较低的地层，可采用普通水泥浆液，普通水泥强度等级不低于 R32.5，注浆材料适用于填充注浆。

（2）围岩裂隙发育，可注性好、高水压的地层，可采用水泥基双液浆，注浆材料适用于硬岩及强约束地层的大涌水，水下不分散、凝结时间短。

（3）粉细砂地层（黏土含量低于 2%）可注性一般的地层，可采用超细水泥浆液，注浆材料仅适用于粉细砂地层中的渗透注浆。

（4）含水、粉细砂、致密土体、淤泥质软土、软弱破碎围岩、城市地下工程等地层，可采用含水细砂型水泥基特种注浆材料。该材料适用于高地应力软弱破碎围岩的堵水加固，可形成树根状浆脉，并形成很好的网状交接体，对地层扰动小，在加固过程中自然堵水，早期强度高，与同类材料相比，其堵水率和加固效果明显。

（5）淤泥质软土地层，可考虑注入水泥-粉煤灰、水泥-膨润土复合浆液。

（6）对于可注性差的地层，有条件时，可采用化学浆液，如聚氨酯、丙烯酸盐等。

2. 注浆材料的选择标准

根据隧道注浆堵水及地层加固的要求，从可行性、可靠性、无毒性污染、可操作性强等特点综合考虑，建议选择采用三种注浆材料，即以普通水泥单液浆为主，辅助注浆材料采用水泥-水玻璃双液浆、备用材料 TGRM 单液浆。以上三种材料各有所长，注浆施工中，应根据不同地质情况，单独选用或配合使用。

通过对上述材料特性的分析，并结合隧道注浆的实际要求及特点，建议注浆材料的选择可按表 6-2 执行。

表 6-2　注浆材料选择建议表

材料名称	性能特点	选择条件
普通水泥单液浆	以水泥为主，添加一定量的速凝剂、水调成的浆液，它具有以下特点：①凝结时间可根据实际需要随意调节，其变化范围为几分钟至几小时；②浆液结石率可达 100%，抗压强度可达 5～10MPa，对于基岩裂隙中堵水和加固是完全能满足要求的，后期强度不宜下降；③结石体渗透系数为 $10^{-1}\sim10^{-3}$cm/s，抗渗性能好；④工艺设备简单，操作方便；⑤难以注入 1.1mm 以下的裂隙；⑥浆液无毒性，对地下水和环境无污染；⑦来源丰富，价格便宜；⑧凝胶时间相对较长。由于初凝时间长，易被地下水稀释，影响其凝胶化性能和强度，易干缩引起渗漏水	在径向注浆孔、垂直注浆孔无水或量很小以及顶水注浆孔无水时使用
水泥-水玻璃双液浆	是以水泥和水玻璃为主剂，两者按一定比例用双液方式注入，必要时加入缓凝剂（磷酸二氢钠）所形成的注浆材料，是一种用途极其广泛、使用效果良好的注浆材料。它具有以下特点：①凝胶时间可以控制在几秒至几十分钟范围内；②结石体抗压强度较高，可达 10～20MPa，但后期强度由于水玻璃的作用宜降低；③浆液结石率为 100%，结石体渗透系数为 $10^{-2}\sim10^{-3}$cm/s，抗渗性能好；④可用于裂隙 0.2mm 以上的岩体；⑤来源丰富，价格较低；⑥对地下水和环境无污染，但有 NaOH 碱溶出，对皮肤有腐蚀性；⑦结石体易粉化，有碱溶出，化学结构不够稳定；⑧施工工艺较单液复杂	在注浆过程中涌水较大或渗漏水严重，而影响到开挖施工时使用
TGRM 单液浆	是将特制的高性能超细水泥，配以适当种类和数量的外加剂，共同混合均匀，制成具有早强、高性能的水硬性胶凝材料。它具有以下特点：①比表面积大，可注入 0.2mm 以下的裂隙中；②浆液结石率为 100%，结石体抗压强度可达 50MPa 以上；③需要专用的注浆工艺设备，操作要求高；④浆液无毒性，对地下水和环境无污染；⑤具有较好的抗分散性，凝胶时间可控，强度高，耐久性好，固结后有微膨胀性，可以有效抵制水泥单液浆干缩而引起的渗漏水；⑥价格较昂贵	该材料可在顶水注浆过程中，当注入普通水泥浆压力开始上升时使用，以提高抗渗抗分散能力，或用于加固区域

6.2.4　注浆参数选定

1. 注浆扩散半径

浆液的扩散半径随岩层渗透系数、压浆压力、压入时间的增加而增大,随浆液浓度和黏度的增加而减少。施工中的压浆压力、浆液浓度、压入量等参数可以人为控制与调整。对控制扩散范围可以起到一定作用。以水玻璃为主剂的浆液的实际有效扩散半径见表 6-3,水泥浆液在裂隙岩石中的有效扩散半径见表 6-4。在现场注浆施工过程中,可根据地层的吸浆能力,注浆效果的检查评定等状况,对浆液扩散半径进一步调整。

表 6-3　以水玻璃为主剂有效扩散半径表

岩层类别	实际有效扩散半径/m
砂砾	1.75～2
粗砂	1.2～1.45
中砂	0.8～1
细砂	0.5～0.7
淤泥	0.5
黏土	0.5

表 6-4　水泥浆液在裂隙岩石中的扩散半径表

裂隙宽度/mm	有效扩散半径/m
<5	2
5～30	4
>30	6

2. 浆液浓度

有条件时应根据现场试验来确定。无条件时可根据工程经验确定,建议参照表 6-5 的参数进行浆液浓度配置。

表 6-5　注浆材料配比参数选用表

序号	名称	配比参数		
		水灰比	体积比	水玻璃浓度
1	普通水泥单液浆	W:C=(0.6～0.8):1	—	—
2	水泥-水玻璃双液浆	W:C=(0.8～1):1	C:S=1:(0.3～1)	35Be′
3	TGRM 单液浆	W:C=(0.6～1.2):1	—	—

现场试验时，根据岩层的吸水率 q 来确定浆液浓度。它是工程上常采用的一种方法。吸水率越大，岩层透水层越强，则浆液宜浓。吸水率 q 为单位时间内每米钻孔在每米水压作用下的吸水量，可通过压水试验按式（6-3）计算。

$$q = Q/(H \cdot h) \qquad (6-3)$$

式中，Q 为单位时间内钻孔在恒压下的吸水量 [L/（min·m·m）]；H 为试验时所使用的压力（10kPa）；h 为试验钻孔长度（m）。

根据上式算出单位吸水率 q，由表 6-6 选择水泥浆液浓度。

表 6-6　水泥浆液浓度选择表

钻孔吸水率 q/[L/(min·m·m)]	浆液起始浓度	钻孔吸水率 q/[L/(min·m·m)]	浆液起始浓度
0.01～0.1	8:1	3～5	1:1
0.1～0.5	6:1	5～10	0.5:1（加掺和料）
0.5～1	4:1	>10	0.5:1（加掺和料）
1～3	2:1	—	—

3. 浆液注入量

浆液压入量 Q，可根据扩散半径及岩层裂隙率进行粗略估算，以供施工参考。

$$Q = \pi R^2 L \eta \beta \qquad (6-4)$$

式中，R 为浆液扩散半径（m）；L 为压浆段落长度（m）；β 为岩层裂隙率，一般取 1%～5%；η 为浆液在裂隙内的有效充填系数（0.3～0.9），值视岩层性质而定。

对于大的溶裂、溶洞，β（裂隙率）>5% 时，浆液注入量难以计算，因此，宜用注浆压力控制注浆量，注浆量只能按注浆终压值时的注浆总量来决定。

4. 终孔间距

根据注浆加固交圈理论，注浆后应能形成严密的注浆帷幕，在注浆终孔断面上，根据注浆扩散半径进行注浆设计时不应有注浆盲区存在，这样，在进行注浆设计时，注浆终孔间距 a 应满足下式要求：

$$a \leqslant \sqrt{3}R \qquad (6-5)$$

式中，a 为注浆终孔间距；R 为浆液扩散半径。

5. 注浆段长度

注浆段长度一般应综合考虑钻机的最佳工作能力、余留止浆墙厚度、根据加固圈要求进行注浆设计时盲区最小时的最佳设计孔数等内容。根据工程类比法，建议在进行超前预注浆施工时，注浆段长度 L 为 30m。

6. 止浆岩墙厚度

止浆岩墙主要是指在进行超前预注浆施工时，为满足抵抗注浆施工过程中注浆压力的要求而采取的止浆模式。在注浆工程施工中,除第一循环止浆岩墙采用模筑混凝土施工外,其他循环段止浆岩墙主要由喷射混凝土层(或模筑混凝土层)和上一注浆循环余留止浆墙共同组成。

(1)第一循环注浆施工采用模筑混凝土止浆岩墙,建议厚度采用 2m。

(2)自第二循环开始,采取余留上一注浆循环止浆墙时,止浆岩墙建议如下:①可根据围岩情况预留不同厚度的止浆岩盘,Ⅳ类围岩预留 3m 作为止浆岩盘;Ⅲ类围岩预留 4m;Ⅱ类围岩预留 5m,这样既确保了注浆效果,又避免了需将每个注浆循环浇筑混凝土作为止浆墙这道工序,加快了施工进度。②此外,建议喷射混凝土层的选择标号不低于 C20,厚度一般为 25～50cm。

7. 注浆范围

建议超前预注浆的注浆范围为隧道开挖轮廓线外 6m,径向后注浆范围为隧道开挖轮廓线外 5m。

8. 注浆压力

注浆压力与岩层裂隙发育程度、涌水压力、浆液材料的黏度和凝胶时间长短有关。建议在顶水注浆时,注浆压力以不超过 5MPa 为宜;普通注浆时,注浆压力宜为 0.5～2MPa。

注浆压力应在注浆过程中,根据进浆量的多少进行调整。

6.2.5　注浆施工流程

注浆施工具体流程见图 6-4,图中虚线部分表示可根据实际情况略作调整施作。

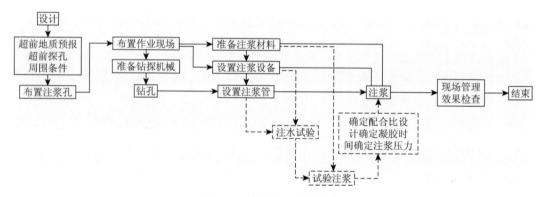

图 6-4　注浆施工具体流程

6.2.6　注浆方式的选择

结合岩层条件、水文地质条件、水文特点等隧道的实际情况,并通过工程类比法,最终确定了从地质条件、流量条件和水压条件三方面进行考虑的注浆方式选择标准(表 6-7)。

表 6-7 注浆方式选择标准建议表

注浆方式		地质条件	流量条件	水压条件
预注浆	全断面帷幕预注浆	①可溶岩与非可溶岩接触带、断层破碎带、溶蚀带等富水地段；②地段厚度超过 30m，且掌子面及周边围岩均表现为软塑流状体；③施工中可能发生严重突水突泥等地段	超前探孔出水总流量≥10m³/h，且 2/3 探孔均出水	≥2MPa
	全断面周边预注浆	①岩层接触分界带、物探电阻异常带；②地段厚度超过 30m，掌子面围岩极破碎；③施工中可能发生严重突水突泥等地段	超前探孔出水总流量≥10m³/h，且 2/3 探孔均出水	≥2MPa
	局部断面预注浆	①富水地段、物探电阻异常带；②施工中局部可能发生突水突泥地段	部分探孔出水，且 10m³/h>局部单孔出水量≥2m³/h	≥2MPa
后注浆	径向注浆	①一般富水地段；②岩体较完整	①开挖后大面积渗水；②初支完成后仍有较大面积渗水，且 10m³/h>探孔出水量≥2m³/h	<2MPa
	局部注浆	①一般富水地段；②岩体完整	①开挖后局部有较大流水；②初支完成后仍有局部渗水，且 10m³/h>局部单孔出水量≥2m³/h；③不能确保结构防排水的等级需要	<2MPa
	补注浆	—	上述注浆措施实施后，仍不能确保结构防排水的等级需要	—

6.2.7 超前注浆实施方案

断面帷幕超前预注浆（图 6-5），分三环实施，第一环 1200mm，第二环 2000mm，第三环 3000mm，注浆孔自掌子面沿开挖方向，以隧道中轴为中心呈伞状布置，全断面共布孔 114 个，开孔直径 Φ115mm，终孔直径 Φ75mm。

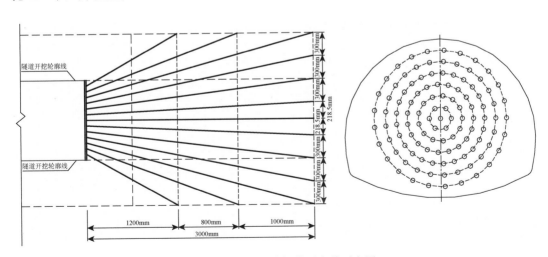

图 6-5 全断面帷幕超前预注浆示意图

全断面周边超前预注浆（图6-6），分三环实施，第一环1200mm，第二环2000mm，第三环3000mm，注浆孔自掌子面沿开挖方向，以隧道中轴为中心呈伞状布置，全断面共布孔94个，开孔直径 Φ115mm，终孔直径 Φ75mm。

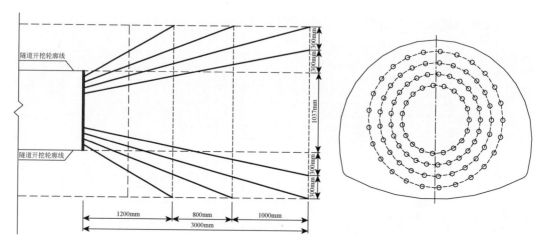

图6-6　全断面周边超前预注浆示意图

局部断面超前预注浆（图6-7），分三环实施，第一环1200mm，第二环2000mm，第三环3000mm，注浆孔自掌子面沿开挖方向，以隧道中轴为中心呈伞状布置，全断面共布孔34个，开孔直径 Φ115mm，终孔直径 Φ75mm。

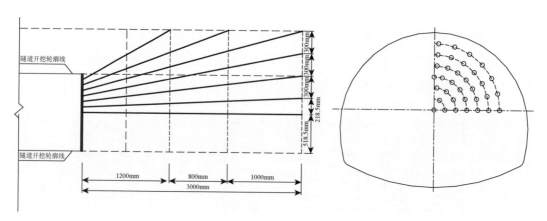

图6-7　局部断面超前预注浆示意图

1. 工艺流程

施工中，宜按图6-8所示进行注浆施工。

2. 注浆工艺

采用后退式分段注浆和前进式分段注浆两种注浆工艺，其中后退式分段注浆工艺又分为无注浆管后退式分段注浆工艺和有注浆管后退式分段注浆工艺。

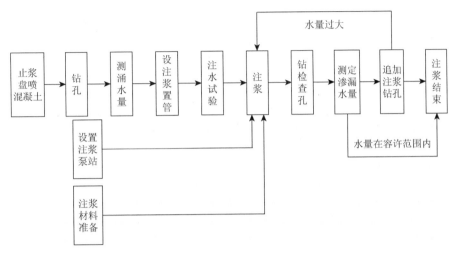

图 6-8　超前预注浆施工流程

1）无注浆管后退式分段注浆工艺

无注浆管后退式分段注浆工艺是利用钻机钻孔，将水囊（气囊）式止浆塞置入注浆钻孔内，通过输水（气）设备，使止浆塞膨胀，利用岩壁形成止浆系统，满足分段后退式注浆要求。施工中每次注浆段长 5m，第一注浆段完成后，后退止浆塞至下一注浆段预定位置进行第二段注浆，如此下去，直至该孔注浆完成后开始下一注浆孔的注浆施工。无注浆管后退式分段注浆工艺在施工中有可能会因围岩破碎而存在跑浆严重的现象，进而无法满足施工要求。

2）有注浆管后退式分段注浆工艺

有注浆管后退式分段注浆工艺是通过钻机钻孔，将袖阀管放入钻孔中，利用皮碗式或台阶式止浆塞在注浆管内完成后退式分段注浆施工。施工中注浆分段段长为 5m。该方案实施后，堵水效果好，可靠性高，但存在施工中下管和封孔有一定的难度，以及需增加注浆管费用等缺点。

3）前进式分段注浆工艺

前进式分段注浆工艺是在施工过程中采取钻孔一段注浆一段的钻、注交替顺序进行，每次注浆段长 5m。该工艺是针对成孔困难、涌水量很大等特殊地质条件下的一种可行性较高的注浆技术，但该工艺具有速度慢，工序转化复杂等缺点。

3. 注浆顺序

因施工工作面较小，易出现串浆现象，因而施工中宜采取钻孔-注孔的施工原则。建议先注外圈，再注内圈，同一圈内由下到上间隔施作。

当钻孔涌水量≥3m³/h 时，建议注浆速度为 80～150L/min；当钻孔涌水量<3m³/h 时，建议注浆速度为 35～80L/min。

4. 注浆结束标准

整个注浆循环结束后，在开挖面设置 3～5 个效果检查孔，检查注浆效果。

1）单孔结束标准

注浆压力逐步升高至设计终压，并继续注浆 10min 以上；注浆结束时的进浆量小于 20L/min，检查孔涌水量小于 0.2L/min。

2）全段注浆结束标准

所有注浆孔均已符合单孔结束条件，注浆后预测涌水量小于 1m³/（d·m）；或进行压水试验，在 0.75MPa 的压力下，吸水量小于 2L/min。

若不符合上述结束标准，应进行补孔注浆。

5. 异常情况处理

（1）若钻孔过程中，遇见突泥情况，立即停钻，拔出钻杆，进行注浆。

（2）若掌子面小裂隙漏浆，先用水泥浆浸泡过的麻丝填塞裂隙，并调整浆液配比，缩短凝胶时间；若仍漏浆，在漏浆处采用普通风钻钻浅孔注浆固结。

（3）若掌子面前方 8m 范围内存在大裂隙串浆或漏浆，采用止浆塞穿过裂隙进行后退式注浆。

（4）当注浆压力突然增高，则只注纯水泥浆或清水，待泵压恢复正常时，再进行双液注浆；若压力不恢复正常，则停止注浆，检查管路是否堵塞。

（5）当进浆量很大，压力长时间不升高时，则应调整浆液浓度及配比，缩短凝胶时间，进行小泵量、低压力注浆，以使浆液在岩层裂隙中有相对停留时间，以便凝胶；有时也可以进行间歇式注浆，但停注时间不能超过浆液凝胶时间。

（6）发生串浆时，应加大钻注平行作业间距，或采取钻一孔注一孔的原则。

（7）注浆过程中，当跑浆现象十分严重时，首先应采取封堵措施和间歇注浆技术，若措施无作用，可认为该孔可注性较差，可结束该孔注浆。

（8）尽童减少钻注施工过程中的水量排出。

（9）施工中应做好排水准备工作，以防止施工中大量涌水形成危害。

（10）准备好抢险材料，做好抢险准备工作。

6.2.8　后注浆实施方案

1. 全断面径向注浆

当地下水的流出，对生态环境造成明显不利影响时，则需要进行后注浆，固结范围为隧道开挖轮廓线外 5m。

（1）当存在集中水流或岩溶管道出水时，首先要埋管将水流引出，降低地下水压，然后用快凝混凝土将原有出水口或岩溶管道封堵。在离出水口一定距离处，对水裂隙或管道钻注浆孔，安装注浆管，用水泥-水玻璃双液浆进行注浆。

（2）当开挖面渗漏面积和水量较大时，在渗漏处用钻机钻孔，找出渗漏水的主要裂隙，通过钻孔引流，将面上的渗漏水变为点上的渗漏水。然后用凝胶时间 1~3min 的水泥-水玻璃双液浆进行低压注浆。

（3）径向注浆孔开孔环向间距为 1m，纵向间距为 1.5m，注浆孔垂直于开挖轮廓线，采用梅花形布置。注浆孔采用风钻钻孔，成孔后安设 $\Phi42mm$ 注浆小导管，管长 5m。布孔完毕后，在注浆管周围喷射 20cm 厚混凝土封闭，以防止注浆过程中发生漏浆，保证注浆效果。采取全孔一次性注浆方式进行注浆。注浆终压为 3MPa。

2. 局部注浆

局部注浆根据超前地质预报探明的局部岩溶实际分布及开挖后地下水的渗流状态选用。

3. 补注浆

补注浆是隧道开挖后，因围岩被扰动，需进行整治注浆。

按上述三种注浆方式实施后，若仍未达到设计要求，应根据实际情况选择上述方式的一种或多种进行补充注浆。

6.2.9　注浆效果评估

注浆效果的评估可采用分析法、五点法标准压水试验、简易压水试验、声波测试、岩心抗压强度试验以及浆液充填的直观检测等方法。

1. 分析法

分析法主要是根据注浆施工过程中的 $P\text{-}Q\text{-}t$ 曲线、浆液填充率反算、涌水量对比分析等方法来评定注浆效果。

2. 定性检测

定性检测，即浆液充填的直观检测，包括检查孔岩心观测、竖井井壁观测及岩石磨片鉴定。该方法能够定性地检测浆液在岩体中的充填情况，为注浆质量的评价提供直观可靠的依据。

3. 定量检测

（1）五点法标准压水试验：该检测方法能够直接获得岩体在注浆前后透水率的变化情况，根据注浆后岩体的透水率来判定岩体的透水性，对注浆质量作出最为直接和有效的评价。该方法是注浆载体完整性评价的主要检测标准。

（2）简易压水试验：通过各次序孔注浆前的简易压水试验，可以获得各次序孔简易压水的透水率递减率，该指标能直接反映各次序孔之间的搭接效果。该方法是注浆载体连续性评价的检测标准之一。

（3）声波测试：通过对岩体进行弹性波声波测试，可以获得岩体在注浆前后声波波速的变化情况，根据声波波速提高率对注浆质量作出评价。该方法是注浆载体完整性评价的重要检测标准之一。

（4）岩心抗压强度检测：通过注浆前后对钻孔岩心进行单轴抗压试验，可以获得岩体抗压强度的提高率。该方法是注浆载体坚固性评价的主要检测标准。

注浆技术是从实践中总结出来的，不能一成不变，必须在施工实践中不断修正、补充、发展、完善、创新，根据地质情况，及时调整各项参数，以达到最佳的注浆效果。

6.3　抗水压补砌

抗水压衬砌是与传统衬砌相区别而言的，其特点在于解决水荷载（压力）与涌水量的矛盾。抗水压衬砌应解决两项关键技术：①外水压力的确定方法；②断面形状优化技术，即断面形状如何适应水压力的变化。

图 6-9 为某两车道的抗水压衬砌轮廓设计图。抗水压衬砌与隧道其他段落的各类型衬砌比较，除衬砌厚度有所增加、混凝土标号有所提高、素混凝土改为钢筋混凝土外，其内轮廓断面也进行了优化，主要区别为其仰拱隅角半径增大（由 1m 增大为 1.5m），仰拱半径由 17m 变为 13m，增大了矢跨比，提高了衬砌结构抵抗水压力的能力。

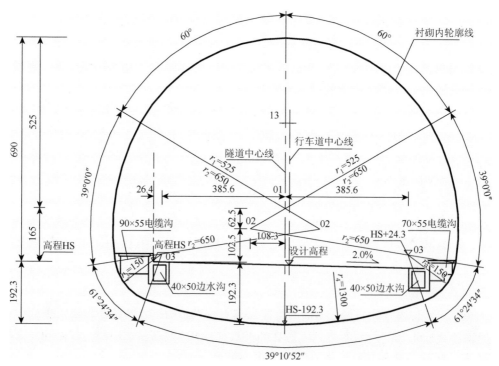

图 6-9　某隧道承受有压水衬砌内轮廓断面设计图

图中数据单位为 mm

6.3.1　外水压力的确定方法

隧道衬砌结构的外水压力折减系数的确定方法主要包括经验类比法、参照规范法、解析公式法、模型实验法及现场实测法等。实际操作时，具体应根据围岩的地质条件、水头高度、实际所能掌握的资料和数据以及允许时间等因素选用最适宜的方法。

1. 参照规范法

关于参照规范法，需进一步说明。由于对公路隧道领域的研究成果尚不多，因此可参照《水工隧洞设计规范》（SL279—2002）而确定。但考虑到公路隧道与水工隧洞的差异性，本书提出如下确定外水压力折减系数 β 的方法。

$$\beta = \beta_1\beta_2 \tag{6-6}$$

式中，β_1 为隧道水文地质条件的一种间接的、综合的表征，主要是对通过隧洞壁周围的地下水的活动状况进行分类得出，一般可借鉴水工隧洞的工程经验确定（表 6-8）；β_2 为主要反映排水设施的影响，若隧道衬砌背后设置有足够的排水设施时，一般可参照表 6-9 确定外水压力的折减系数，否则 β_2 均设为 1。

表 6-8　外水压力折减系数建议表一

级别	地下水活动状况	地下水对围岩稳定的影响	折减系数 β_1
1	洞壁干燥或潮湿	无影响	0～0.2
2	沿结构面有渗水或滴水	软化结构面充填物质，降低结构面的抗剪强度，对软弱岩体有软化作用	0.1～0.4
3	沿裂隙或软弱结构面有大量滴水、线状流水或喷水	泥化软弱结构面的充填物质，降低抗剪强度，对中硬岩体有软化作用	0.25～0.6
4	严重滴水沿软弱结构面有小量涌水	地下水冲刷结构面中的充填物质，加速岩体风化，对断层等软弱带软化泥化，并使其膨胀崩解，以及产生机械管涌。有渗透压力，能鼓开较薄的软弱层	0.4～0.8
5	严重股状流水，断层等软弱带有大量涌水	地下水冲刷带出结构面中的充填物质，分离岩体，有渗透压力，能鼓开一定厚度的断层等软弱带，能导致围岩塌方	0.65～1

表 6-9　外水压力折减系数建议表二

级别	围岩水文地质条件	洞壁的地下水现状	折减系数 β_2
1	岩体完整，发育少量裂隙，透水性弱，水源贫乏	洞壁干燥或潮湿	0～0.3
2	岩体较完整，裂隙发育，少量裂隙闭合，透水性弱，水源较贫乏	沿结构面有渗水或滴水	0.3～0.5
3	岩体较完整，裂隙较发育，透水性较弱，水源较丰富	沿裂隙或软弱结构面有线状流水或大量滴水	0.4～0.7
4	岩体较破碎、裂隙较发育、透水性较强，水源较丰富	沿软弱结构面有少量涌水	0.5～0.8
5	岩体破碎，裂隙极发育或发育断层破碎带、溶穴等，透水性强，水源丰富	严重股状流水至大量涌水	0.8～1

此外，由于注浆可减小隧道渗水量，从而改善隧道的排水效果，因此对于注浆下的折减系数的取值，本书提出如下建议。

（1）若实施的注浆方式为超前预注浆，外水压力可以以面力的方式作用于注浆堵水圈上，其折减系数可参照表 6-8 确定，当然对应的 β_2 为 1。至于二次衬砌背后是否也施加外水压力，应根据现场实测的结果进行注浆堵水效果的评估。

（2）若实施的注浆方式为后注浆或补注浆，则一般认为此种注浆的堵水效果不如预注浆，因为这两种注浆方式难以有效地将地下水完全封堵于注浆堵水圈外，只能减小围岩的渗透系数，因此，此时注浆圈外可不考虑外水压力，仅需要在二次衬砌背后考虑施加外水压力，其折减系数的取值可参照表6-9确定。

2. 方法选择的建议

上述方法各有其特点，对计算所需的资料和数据要求也不一样，进而其确定的时间成本、人力成本和资金成本也有较大区别。因此，应根据潜在要求、准确程度、隧道的实际特点以及设计阶段进行方法选择。根据笔者及前人的研究成果，本书提出如下建议（表6-10）。

表 6-10　确定外水压力折减系数的方法选择标准建议表

设计阶段	隧道实际条件		外水压力的确定方法					
	工程地质条件	水文地质条件	经验类比法	参照规范法	解析公式法	数值分析法	模型实验法	现场实测法
初步设计	①围岩岩性以可溶盐岩为主；②富水段位于可溶盐岩与非可溶盐岩的接触带；③富水段位于断层破碎带，节理裂隙极发育；④富水段围岩在Ⅳ、Ⅴ级以下	①地下水以岩溶水为主；②隧道洞顶存在地下暗河、江河、湖泊或水库等；③存在向斜富水构造；④富水段的隧道洞顶地下水头大于20m	○	○	○	√	√	√
初步设计	①围岩岩性以非可溶盐岩为主；②富水段围岩在Ⅱ、Ⅲ级以上	①地下水以裂隙水为主；②隧道洞顶无地下暗河、江河、湖泊或水库等；③富水段的隧道洞顶地下水头小于20m	○	○	●	×	×	×
施工图设计	①围岩岩性以可溶盐岩为主；②富水段位于可溶盐岩与非可溶盐岩的接触带；③富水段位于断层破碎带，节理裂隙极发育；④富水段围岩在Ⅳ、Ⅴ级以下	①地下水以岩溶水为主；②隧道洞顶存在地下暗河、江河、湖泊或水库等；③存在向斜富水构造；④富水段的隧道洞顶地下水头大于20m	○	○	○	√	√	√
施工图设计	①围岩岩性以非可溶盐岩为主；②富水段围岩在Ⅱ、Ⅲ级以上	①地下水以裂隙水为主；②隧道洞顶无地下暗河、江河、湖泊或水库等；③富水段的隧道洞顶地下水头小于20m	○	●	×	×	×	×
变更设计	①围岩岩性以可溶盐岩为主；②富水段位于可溶盐岩与非可溶盐岩的接触带；③富水段位于断层破碎带，节理裂隙极发育；④富水段围岩在Ⅳ、Ⅴ级以下	①地下水以岩溶水为主；②隧道洞顶存在地下暗河、江河、湖泊或水库等；③存在向斜富水构造；④富水段的隧道洞顶地下水头大于20m	×	×	×	√	○	√
变更设计	①围岩岩性以非可溶盐岩为主；②富水段围岩在Ⅱ、Ⅲ级以上	①地下水以裂隙水为主；②隧道洞顶无地下暗河、江河、湖泊或水库等；③富水段的隧道洞顶地下水头小于20m	○	○	×	×	×	×

注："√"表示一般情况下应采用；"○"表示一般情况下可采用；"●"表示特殊情况下采用；"×"表示一般情况下不采用。

3. 20m 洞顶水头的论证

表 6-10 中，富水段隧道洞顶地下水头确定为 20m 是基于两车道公路隧道的研究对象而言，此外还考虑了富水段的围岩级别，主要原因论证如下。

本书选取中连山石板隧道Ⅴ（Ⅱ类）、Ⅳ级（Ⅲ类）围岩的典型断面，根据地层结构法，进行了在不同拱顶水头高度下的结构计算，结果对比如图 6-10 所示。

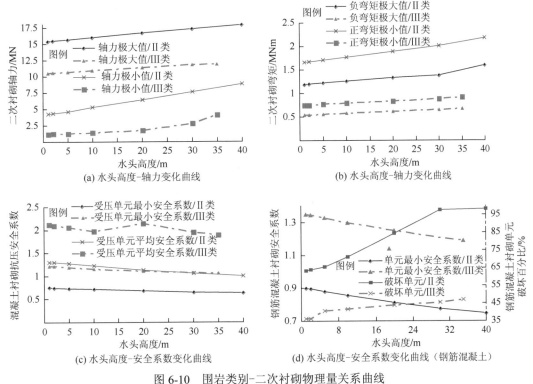

图 6-10　围岩类别-二次衬砌物理量关系曲线

由图 6-10 可知，当围岩较差时，衬砌承载外水压力的能力也较弱，故对于Ⅳ、Ⅴ级（Ⅱ、Ⅲ类）及以下的低级别围岩处于富水段时，需要进行抗水压衬砌结构计算；另外，考虑到外水压力呈"渐变"加载在衬砌结构上，且其薄弱部位为仰拱及仰拱隅角部，因此结合上述三种分析，建议拱顶水头超过 20m 时，就需要进行结构计算。此时，外水压力的确定也就成为关键问题，其方法的选择应倾向于精确度较高的手段。

6.3.2　抗水压衬砌结构的优化选型

1. 抗水压衬砌结构比选方案

根据对外水压下隧道衬砌结构力学响应特征的分析，二次衬砌最薄弱的部位是仰拱和仰拱隅角。结合石板隧道的工程实际特点，需要研究抗水压衬砌结构的断面选型方法（表 6-11），由此提出以下四种衬砌结构方案进行比选分析（图 6-11～图 6-14）。

表 6-11　衬砌断面比选方案

编号	断面差异参数		对应图形	备注
	仰拱隅角半径	二次衬砌厚度		
B1 方案	内轮廓为 1.5m，外轮廓为 2.1m	等厚，60cm	图 6-11	改变仰拱隅角半径
B2 方案	内轮廓为 1m，外轮廓为 1.5m	不等厚，仰拱处为 65cm	图 6-12	改变仰拱处衬砌厚度
B3 方案	内轮廓为 1m，外轮廓为 1.6m	等厚，60cm	图 6-13	普通段衬砌断面
B4 方案	内、外轮廓均为 1m	不等厚，边墙处最大为 85cm，仰拱处为 60cm	图 6-14	改变边墙处衬砌厚度

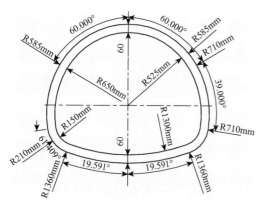

图 6-11　B1 方案

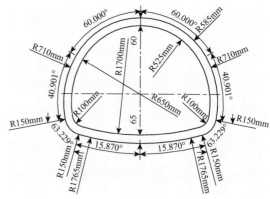

图 6-12　B2 方案

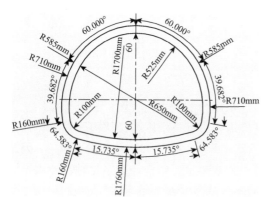

图 6-13　B3 方案

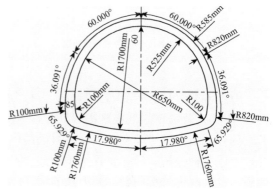

图 6-14　B4 方案

2. 计算对比分析

以石板隧道（ZK1+691）m 为典型计算断面，III 类围岩，埋深 190m，采用台阶法施工，计算参数如表 6-12 所示，对于以上四种结构方案，对在拱顶作用 0.4MPa 外水压力下的力学特性进行了全施工过程的地层结构法数值仿真分析。计算时，不考虑注浆影响。

表 6-12　不同结构方案的衬砌应力比较

编号	最大拉应力/MPa	抗拉相对安全性	最大压应力/MPa	抗压相对安全性
B1 方案	1.92	1.64	69.00	1.13
B2 方案	2.68	1.17	77.28	1.01
B3 方案	3.14	1.0	77.95	1.00
B4 方案	2.67	1.18	70.17	1.11

整理计算成果可知:

(1) 从变形、应力的整体分布趋势看,未受外水压力前,B3 方案模型与其余三者存在一定差异,但外水压力作用后,4 种模型的衬砌均变得越来越扁坦,其应力分布特征均已基本渐趋一致。

(2) 对于最大水平位移值,未受外水压力前,B1 方案、B2 方案、B3 方案比较相近,B4 方案则明显大于前三者;外水压力作用后,则变为 B4＜B2＜B3＜B1。

(3) 对于最大竖向位移值(即衬砌拱顶处的位移值),基本与水平位移规律类似。这表明衬砌厚度的增加,可以提高衬砌的刚度,对减小水平变形和沉降有一定作用。

(4) 对于最大拉应力值,未受外水压力前,B1＜B3＜B2＜B4;外水压力后,则变为 B1＜B4＜B2＜B3,且 B1 方案远小于其他工况。

(5) 对于最大压应力值和剪应力值,基本与拉应力的规律相似。这表明衬砌形状的改变可以提高衬砌的强度,对减小拉应力和压应力有一定作用。

(6) 假定 B3 方案断面的二次衬砌抗拉、压安全性为"单位 1",则由表 6-12 可见,B1 方案、B2 方案、B4 方案断面的二次衬砌抗拉(压)安全性分别增加了 64%(13%),17%(1%),18%(11%)。

因此,各比选方案的力学性能排序为 B3＜B2＜B4＜B1,也就是说普通地段衬砌断面＜加大仰拱衬砌厚度的断面＜加大边墙衬砌厚度的断面＜减小仰拱曲率的断面。

3. 结构选型对策

综上分析可得。

(1) 在外水压力的作用下,衬砌仰拱是拉应力最集中的位置,最易发生拉破坏。

(2) 在外水压力的作用下,衬砌仰拱隅角及边墙部位是压、剪应力最集中的位置,原因是仰拱隅角为最薄弱之处,最易发生压屈服和塑性破坏。

(3) 比较变形和应力各物理量来看,抗水压衬砌的破坏主要受其强度控制,因此通过采取有效措施增大衬砌的强度是最有效手段。

如图 6-15 所示,以衬砌外轮廓断面的最大跨度为界,分为上半断面和下半断面。为便于说明,特引入一个新概念——"下半断面矢跨比(S)",其表述为

$$S = \frac{H}{D} \tag{6-7}$$

式中,D 为衬砌外轮廓断面的最大跨度;H 为下半断面最大高度。

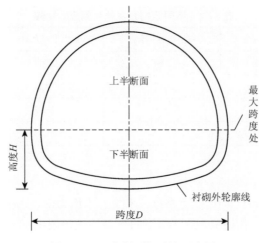

图 6-15　下半断面矢跨比示意图

根据各结构方案，由于断面形状的改变，主要造成了隧道开挖、喷射混凝土、防水板、仰拱回填、二次衬砌 5 项工程量的改变，而锚杆等工程量变化不大。因此，特选取了以上 5 项工程量作为主要的比较对象，依据石板隧道实际的经济指标进行了技术经济对比分析，具体见表 6-13。

表 6-13 反映了"下半段面矢跨比"是评价抗水压衬砌对外水压力承载能力的一个重要技术指标。在同等衬砌厚度、围岩条件、外水压力下，该值越大，其抗水压衬砌的强度越高，所能承受的外水压力越大。例如，B1 方案、B2 方案的"下半段面矢跨比"分别较 B3 方案增加了 13%、2%，其抗拉（压）安全性也相应增加了 64%（13%）、17%（1%）。

表 6-13　衬砌结构方案技术经济性对比

编号	经济指标							技术指标			
	开挖量/(m³·m)	喷射混凝土/(m³·m)	防水板/(m²·m)	二次衬砌/(m³·m)	仰拱回填/(m³·m)	工程造价/(元·m)	工程造价排序（按从低到高）	跨度 D/m	下半断面高度 H/m	下半断面矢跨比 S	下半断面矢跨比排序（按从大到小）
B1	107.33	9.49	35.72	20.31	11.85	27689	4	12.03	3.55	0.295	1
B2	104.28	9.44	35.48	20.71	8.59	26908	2	12.03	3.17	0.264	2
B3	103.63	9.41	37.26	20.29	8.59	26572	1	12.03	3.12	0.260	3
B4	105.16	9.55	35.93	21.48	8.59	27269	3	12.33	2.57	0.209	4

事实上，若衬砌全断面厚度增加 d，且保持衬砌为等厚衬砌，则下半段面矢跨比 S_{HD} 为

$$S_{HD} = \frac{H+d}{D+d} \qquad (6\text{-}8)$$

若仅增加仰拱处的拱圈厚度 d，其余部位衬砌厚度不变，则下半段面矢跨比 S_H 为

$$S_H = \frac{H+d}{D} \qquad (6\text{-}9)$$

若仅增加边墙处的厚度 d，其余部位的衬砌厚度不变，则下半段面矢跨比 S_D 为

$$S_D = \frac{H}{D+d} \tag{6-10}$$

显然，式（6-7）～式（6-9）中，$S_H > S_{HD} > S > S_D$，即增加衬砌厚度也是一种提高下半断面矢跨比的措施。

综上所述，不考虑其他因素，由于影响衬砌承受外水压力性能的关键因素是衬砌强度，而提高衬砌强度最有效的措施是增大"下半断面矢跨比"，其具体对策包括：①增大仰拱隅角处半径；②减小仰拱处半径；③增大仰拱拱圈厚度；④增大衬砌全断面厚度。

在进行外水压力衬砌断面结构的选型时，应按上述对策依次或组合采用，并结合数值仿真最终确定方案。实际上，以上 4 种断面方案中，相对 B3 方案断面（图 6-13）的衬砌结构而言，B1 方案断面（图 6-11）、B2 方案断面（图 6-12）均是贯彻上述对策；且 B1 方案断面采取的"增大仰拱隅角处半径"和"减小仰拱处半径"的措施排在第一和第二，故最有效；B2 方案断面采取的"增大仰拱拱圈厚度"的措施排第三，故次之。而 B4 方案断面（图 6-14）思路模糊，采取了增大边墙厚度的措施，虽然增强了衬砌的强度，但背离"增大下半断面矢跨比"的断面设计理念，其提高衬砌强度的技术和经济性能的综合效率最低，故不可取。

综上所述，推荐石板隧道采用 B1 方案断面所示的结构作为富水地段的抗水压衬砌，并得以成功实施。

6.4　洞内疏导技术

溶洞是由水溶蚀而成的，除已停止发育的干洞穴外，一般在溶洞地区施工时都会有地下水。由于岩溶水具有与一般水流不同的特点，很难确切地掌握其水量及变化规律，因此对岩溶水水量的估计宁大勿小，相应的排水建筑物也应宁宽勿窄，处理上疏导比堵塞好。其措施归纳起来有以下几项。

6.4.1　暗管与涵洞疏导

（1）当暗河和溶洞有水流时，宜排不宜堵。在查明水源流向及其与地下工程位置的关系后，用暗管、涵洞、小桥等设施渲泄水流（图 6-16、图 6-17），将水疏导引出洞外。

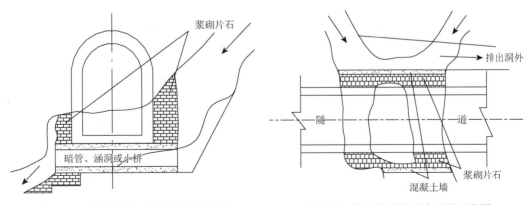

图 6-16　桥涵岩溶水引流截面示意图　　　　　图 6-17　桥涵岩溶水引流平面示意图

（2）当水流的位置在地下工程上部或高于地下工程时，应在适当距离外，开凿引水斜洞（或引水槽）将水位降低到地下工程以下，再行引排（图6-18）。

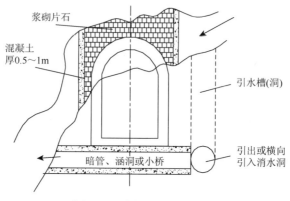

图 6-18　暗管等引流示意图

6.4.2　拱桥跨越

图 6-19 为某地下工程横穿暗河的情况。暗河发育有上、中、下三层，上层与地下工程平行，中层与地下工程路面标高一致，下层低于隧道4～7m，雨季三层溶洞均有水流，为防止暗河水对地下工程的袭击，将中层洞穴用浆砌片石堵塞，中、下层间竖向的洞穴保持通畅，地下工程跨过下层暗河地段用拱桥通过，以利排水。

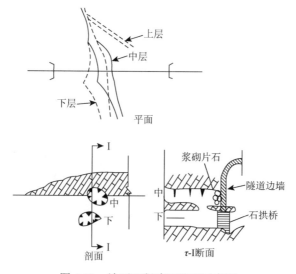

图 6-19　地下工程暗河处理示意图

6.5　其他控制排放技术

除了洞内注浆堵水外，限量排放的实现还可以通过地表和洞内的一些辅助措施来实现，相关的方法有地面防渗、地面加固与防水和洞内疏导，如表6-14所示。

表 6-14　水环境控制排放技术措施

保护类型	技术方法	保护措施
地表水	地面防渗	地表铺砌 地面截水帷幕 混凝土防渗墙 漏水点周边修筑围堰 地裂缝、塌陷回填
	地面加固与防水	地表加固注浆
地下水	洞内疏导	暗管、涵洞局部改道 梁拱桩跨越

6.5.1　地表控制技术

1. 地面铺砌

当地表的沟谷、坑洼积水及小型河道对地下工程有影响时，且地表水水量较少，宜采取疏导、铺砌和填平等措施，对废弃的坑穴、钻孔等应填实封闭，防止地表水下渗。

常见的地面铺砌工程有隧道附近的冲沟铺砌、河床铺砌等。地面铺砌可选用黏土、水泥土、浆砌片石、混凝土、膜料及沥青混凝土等防渗材料。有关技术要求可参照《渠道防渗工程技术规范》（GB/T50600—2000）的规定执行。

2. 地面截水帷幕

截水帷幕是指沿基坑侧壁连续分布，由水泥土桩相互咬合搭接形成，是具有隔水、超前支护和提高基坑稳定性作用的壁状结构。

截水帷幕施工适用于施工地下水水位较高、抗冲刷深度较深，且不适宜明挖的区域。适用土层为砂卵石层、黏土及粉土土层。采用地面截水帷幕进行地表防渗，应满足以下要求：①截水帷幕的厚度应满足防渗要求，其渗透系数宜小于 1.0×10^{-6} cm/s；②截水帷幕应插入下卧不透水层，插入深度可按下式计算：

$$l = 0.2h_{\mathrm{w}} - 0.5b \qquad (6\text{-}11)$$

式中，l 为帷幕插入不透水层的深度；h_{w} 为作用水头；b 为帷幕厚度。

3. 混凝土防渗墙

面对距离地下工程较近的强透水性地层的重要水源地时，可采用混凝土防渗墙进行地面防渗，并应满足以下要求。

（1）防渗墙的厚度应满足墙体抗渗性、耐久性，满足墙体应力和变形的要求，同时还应考虑地质情况及施工设备等因素。

（2）可根据防渗墙破坏时的水力坡降确定墙体厚度，按如下公式计算。

$$\delta = K \frac{\Delta H_{\max}}{J_{\max}}(J_P = J_{\max}/K) \qquad (6\text{-}12)$$

式中，$\Delta H_{\max}$ 为作用在防渗墙上的最大水头差；K 为抗渗坡降安全系数；$J_{\max}$ 为防渗墙渗透破坏坡降；J_p 为防渗墙渗透允许坡降。

（3）防渗墙墙体材料包括普通混凝土、钢筋混凝土、塑性混凝土、固化灰浆等号。

4. 修筑围堰

地表漏水点修筑围堰也是确保地表水不漏失的措施之一（图 6-20）。围岩可以采用土质材料，也可以采用混凝土、砌体等材料。实际应用中，应考虑是整体堰塘维护还是局部漏水点围护。

图 6-20　堰塘围堰

5. 地表注浆

地表注浆的材料选择大致与洞内注浆堵水相似，基本材料为水泥单液浆和水泥-水玻璃双液浆两种。外围周边孔采用双液浆，内部采用水泥单液浆。当内部的地下水丰富、地下水活动较强、吸浆量大、注浆压力不上升时洞内外均采用双液浆。

地表浆范围与注浆孔位的布置与洞内注浆不同。

1）注浆范围

注浆范围可根据地质情况、地下水压力大小和隧道施工方法等因素综合确定。一般来说，注浆加固半径为隧道开挖半径的 2～3 倍，当地下水压力过大或在水下施工时，注浆加固半径应为隧道开挖半径的 4～6 倍。本书地表注浆加固的竖向范围为开挖轮廓拱顶以上 8m 至仰拱底以下 2m；横向范围为开挖轮廓以外 3.8m。注浆加固范围如图 6-21 所示。

地表注浆加固应符合以下要求：①地表注浆宽度一般宜超过地下工程开挖宽度两侧 3～5m，注浆长度宜超过不良地质地段 5～10m；②地面预注浆的注浆布孔宜按梅花形或矩形排列，注浆孔间距可为单孔浆液扩散半径 R 的 1.4～1.7 倍，钻孔方向宜垂直地面，孔深宜由地表至洞身外轮廓线外，必要时可以贯穿洞身。

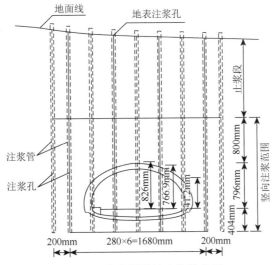

图 6-21　富水隧道地表注浆范围

2）注浆孔布设

注浆的扩散半径一般为 1.5m，现场可根据注浆压力、注入能力和注浆时间等情况确定孔位布设，如图 6-22 所示。注浆时，首先钻孔，钻孔孔径为 $\Phi91mm$；其次在钻孔内放入 $\Phi32mm$ 的钢管，钢管下半段钻设孔径为 $\Phi10mm$、间距为 40mm、呈梅花形布置的花孔；最后通过钢管向围岩注浆。

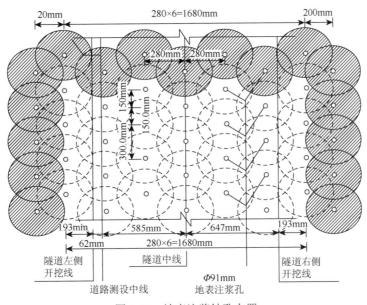

图 6-22　地表注浆钻孔布置

3）注浆压力

注浆岩性属于弱风化裂隙岩石，是无大裂隙但有层理的沉积岩，可按注浆容许压力为 1～3MPa 控制。

4）注浆次序

注浆顺序：整体注浆时先外围后内部，并采取隔孔注浆方式。分段注浆时先注沟侧周边孔，后注山侧周边孔。每孔又采取分节注浆的方式，每次注浆结束后应及时清孔，以便保证下次顺利压注。注浆结束标准以注浆终压和注浆量进行综合判定。

6.5.2　地裂缝控制

地面沉降及地裂缝控制应依据沉降控制要求、对地质生态环境等的影响程度以及重要建（构）筑物和设施的保护要求等因素，采取地面加固与围岩加强支护相结合的地下工程水环境保护措施。规模和危害较小的地裂缝，采取土石填充并夯实、防渗处理等措施；规模和危害较大的地裂缝，可采取填充、灌浆等措施。

地面沉降剧烈时，应暂时停止地下水排放，并及时处理后才能再继续工程施工，可根据地下水动态和地面沉降规律进行人工回灌，回灌技术参数应符合《建筑基坑支护技术规程》（JGJ 120—2012）的相关规定。

主要参考文献

陈爱侠，杨晓婷. 2011. 轨道交通线网规划实施对地下水环境影响分析. 北京理工大学学报，31（2）：236-239.

《地下工程工程地质》编写小组. 1983. 地下工程工程地质. 成都：西南交通大学出版社.

代承勇. 2010. 富水区大埋深高渗压隧洞涌水预测技术研究. 成都：西南交通大学

邓清海，马凤山，袁仁茂，等. 2006. 石太客运专线特长隧道地区水文地质研究及隧道开挖环境影响效应. 第四纪研究，26（1）：136-143.

丁浩，蒋树屏，李勇. 2007. 控制排放的地下工程防排水技术研究. 岩土工程学报，29（9）：1398-1403.

杜绍敏，宋冰. 2003. 水文地质数值模拟的立足点. 东北林业大学学报，5（3）：67-69.

高如. 2009. 复杂环境下山岭隧道区域水流场分布及涌水量预测. 成都：西南交通大学.

龚睿. 2010. 隧道工程建设对隔挡式岩溶富水背斜地下水环境的影响研究——以观音峡背斜为例. 成都：成都理工大学.

关宝树. 2003. 地下工程工程施工要点集. 北京：人民交通出版社.

郭娣. 2009. 西南岩溶山区汇水条件及其对越岭隧道涌突水的控制作用. 成都：成都理工大学.

韩冬梅. 2007. 忻州盆地第四系地下水流动系统分析与水化学场演化模拟. 武汉：中国地质大学.

郝治福，康绍忠. 2006. 地下水系统数值模拟的研究现状和发展趋势. 水利水电科技进展，26（1）：77-81.

贺炜，莫凯，付宏渊. 2011. 隧道施工对地下水环境影响的三维数值模拟——以八面山隧道为例. 长沙理工大学学报（自然科学版），8（4）：6-11.

姬亚东，柴学周，刘其声. 2009. 大区域地下水流数值模拟研究现状及存在问题. 煤田地质与勘探，37（5）：32-36.

江新锡. 1995. 铁路工程施工技术手册地下工程（上下册）. 北京：中国铁道出版社.

蒋建平，高广运，李晓昭，等. 2006. 地下工程工程突水机制及对策. 27（5）：76-77.

蒋忠信. 2005. 隧道工程与水环境的相互作用. 岩石力学与工程学报，24（1）：121-127.

林传年，李利平，韩行瑞. 2008. 复杂岩溶地区隧道涌水预测方法研究. 岩石力学与工程学，27（7）：1469-1471.

刘高，杨重存，宋畅，等. 2002. 深埋长大隧道涌（突）水条件及影响因素分析. 天津城市建设学院学报，8（3）：160-164.

刘红位. 2013. 慈母山隧道建设对地下水及植被的影响. 重庆：重庆大学.

刘招伟. 2004. 圆梁山地下工程岩溶突水机理及其防治对策. 武汉：中国地质大学.

雒浩. 2007. 地下工程涌水量的预测. 山西建筑，33（32）：343-344.

毛正君. 2013. 脆弱生态区隧道群施工期地下水运移特征及环境效应研究. 西安：长安大学.

倪天震，赵国平. 2008. 深埋隧洞突发性高压涌水预测及对策研究. 浙江交通职业技术学院学报，9（2）：22-25.

彭涛，詹松. 2005. 三维地下水数值模拟方法在基坑涌水量预测中的应用——以广州地铁某基坑为例. 工程勘察，10（3）：21-24.

祁孝珍，张晓利. 2008. 隧洞施工过程中渗水及突发涌水的防治. 水利水电技术，39（2）：40-42.

任旭华，束加庆，单治钢. 2009. 锦屏二级水电站隧洞群施工期地下水运移、影响及控制研究. 岩石力学与工程学报，28（增1）：2891-2897.

孙从军，韩振波，赵振. 2013. 地下水数值模拟的研究与应用进展. 环境工程，31（5）：9-13.

陶玉敬，彭金田，陶炳勋. 2007. 地下工程涌水量预测方法及其分析. 四川建筑，27（6）：109-113.

王纯祥，蒋宇静，江崎哲郎，等. 2008. 复杂条件下长大隧道涌水预测及其对环境影响评价. 岩石力学
　　与工程学报，27（12）：2411-2417.

王东. 2008. 武广线韶关段某岩溶地下工程涌（突）水量预测及对施工影响评价. 成都：西南交通大学.

王建秀，杨立中，何静. 2002. 深埋隧道外水压力计算的解析——数值法. 水文地质工程地质，29（3）：
　　17-19.

王建秀，朱合华，叶为民. 2004. 隧道涌水量的预测及其工程应用. 岩石力学与工程学报，23（7）：
　　1150-1153.

王建宇. 2003. 再谈地下工程衬砌水压力. 现代地下工程技术，40（3）：5-10.

王矿，吴家冠，张磊. 2010. 隧洞开挖引起地下水运动的子模型法数值模拟. 水电能源科学，11（11）：48-50.

王礼恒，董艳辉，李国敏，等. 2014. 基于 PEST 的地下水数值模拟参数优化的应用. 工程勘察，42（3）：
　　38-42.

王育奎. 2011. 海底隧道渗流场分布规律及涌水量预测方法研究. 山东：山东大学.

魏林宏，束龙仓，郝振纯. 2000. 地下水流数值模拟的研究现状和发展趋势. 重庆大学学报（自然科学版），
　　10（23）：50-52.

吴剑锋，朱学愚. 2000. 由 MODFLOW 浅谈地下水流数值模拟软件的发展趋势. 工程勘察，2：12-15.

肖斌，许模，曾科，等. 2014. 基于 MODFLOW 的岩溶管道概化与模拟探讨. 地下水，36（1）：53-55.

熊和金，徐华中. 2005. 灰色控制. 北京：国防工业出版社.

徐国锋，杨建锋，陈侃福. 2005. 台缙高速公路苍岭隧道水文地质勘察与涌水量预测. 岩石力学与工程学
　　报，24（增2）：5531-5535.

徐则民，黄润秋. 2000. 深埋特长地下工程及其施工地质灾害. 成都：西南交通大学出版社.

薛禹群. 2010. 中国地下水数值模拟的现状与展望. 高校地质学报，16（1）：1-6.

杨兰合. 1995. 水文地质模型的研究. 山东矿业学院学报，14（2）：133-153.

杨新安，黄宏伟. 2003. 地下工程病害与防治. 上海：同济大学出版社.

叶樵. 2008. 长大复杂地质隧道大涌水地质灾害分析与治理. 铁道工程学报，25（7）：65-68.

张跃，邹寿平，宿芬. 1992. 模糊数学方法及其应用. 北京：煤炭工业出版社.

赵金凤. 2004. 歌乐山隧道施工涌水对周边地下水系统的影响及环境效应. 成都：成都理工大学.

朱大力，李秋枫. 2000. 预测隧道涌水量的方法. 工程勘察，（4）：18-22.

庄乾城，罗国煜，李晓昭，等. 2003. 地铁建设对城市地下水环境影响的探讨. 水文地质工程地质，30（4）：
　　102-105.

Andrew J L，Larry D P. 2002. Evaluating travel times and transient mixing in a karst aquifer using time-series
　　analysis of stable isotope data. U. S Geological Survey Office of Groundwater：20-22.

Eisenloht L，Bouzelboudjen M，Kiraly L，et al. 1997. Numerical versus statistical modeling of natural response
　　of a karst hydrogeological system. Journal of Hydrology，202（1-4）：244-262.

Kyle E M，Mark R H. 2002. Three-dimensional geological framework modeling for a karst region in the buffalo
　　nation river，Arkansas. US. geological Survey Karst Interest Group Proceedings，Shepherdstown，West
　　Virginia：20-22.

Lee J F，Randall L P. 2002. Larry Simpson and Jason Gully，karst GIS advances in Kentucky. Journal of Cave
　　and Karst Studies，64（1）：58-62.